方太的滋味人生

TASTE OF LIFE BY MRS. LISA FONG

自序

承蒙天地圖書董事長曾協泰先生的邀請，要我為他們寫一本書，真使我受寵若驚，主要是和這位老朋友多年不見，很高興他還記得我，讓我很感動。

從一九八二年開始出版烹飪書，加上雙週刊，如果問我至今到底著作了多少本烹飪書，我真要細數一番才能只回答梗概。我感謝大家多年來對我的支持、愛護和捧場。這次和天地圖書的合作有小小的改變，就是在本書中說些陳年舊事，分享我的人生經歷，也像閒話家常，就當作為大家解悶吧。書中談及一些菜式，皆是我人生不同階段的縮影，可說別有一番「滋味」。文末附有中英對照的食譜，如果各位讀者有興趣不妨一試，都是簡單和容易學會的家常菜。

祝福大家如意、吉祥！

方任利莎
二零一八年夏

方太女兒的答謝信

說我是最了解方太的人，相信沒有人敢反對。

她是我最好的朋友，也是這世界上我最親的人。她是我母親。

從家庭主婦到烹飪導師到電視節目主持，我看着她如何一步一步走來。當很多朋友在羨慕我有個很會做菜甚至很會賺錢的媽媽的同時，她們好像不知道，我的母親跟許多媽媽一樣，是個對兒女管教很嚴厲，不合她意的時候甚至會把我們好好罵一頓的人。方太跟許多家庭主婦一樣精打細算，在菜市場買了一百零一元的時候，會跟小販要求減一塊錢的折扣。我也曾經覺得這樣做有點失禮，後來發現討價還價不單是個習慣，也是許多婦女持家的方法：如果不是一塊錢都省、都在意，今天我們也過不了比較安穩的日子。

我見過方太素顏的樣子（事實上她一點都不介意不化妝就出門），也見過她在工作上遇到委屈時落淚。屏幕上流暢的十三分鐘烹飪示範，背後是無數的「捱更抵夜」。母親事業起飛的時候，她每月大概要創作兩百個食譜，只要那天沒錄影，她會從早上八點開始寫，一直到晚上七、八點才結束。而她的書桌，是當年從普通傢具店買回來售價一百多元、一塊木板四條腿的那種桌子。我曾經跟同學打趣說，只要像我母親那麼勤勞，豬都能成功……母親聽了罵我沒規矩，但其實她很明白，我是打從心裏佩服她。我們往往只看見別人的風光，卻忽略了人家的耕耘，和付出甚至犧牲了甚麼。

記得小時候有一次與母親外出，在天星碼頭旁邊的書店裏，我問母親，這裏有您的書嗎？母親難為情的跟我說，當然沒有，怎麼會有呢。我氣定神閒的說，會有的，總有一天，書店裏都是您的書。那一年我大概只有五歲，我當然不是生神仙，沒有未卜先知的能力，我想當時我這麼說，除了是孩子對母親的信任和崇拜，也因為我遺傳了家母的一種「can-do 精神」。從小不管遇到甚麼困局，母親都要我堅強面對。在我還是小學生的時候，患了闌尾炎要進醫院動手術，母親因為工作與家務無法陪伴身邊，她對我說：「我很想代替你去接受手術，但不可能，所以你要勇敢自己面對，醫生會把你治好。」也許有些人會覺得母親這麼說欠缺溫柔，但我卻覺得很實際受用；從小習慣了堅強做人，長大後在工作上，大家都說我情商特別高。我其實不太理解甚麼是情商，我只知道只要不把自己當一回事，天下也就沒多大的事。

我非常以「方太」為榮，母親總覺得有點難為情。「唉，我是你媽媽嘛，你當然覺得我好。」她也許不知道，讓我覺得驕傲的，並不是她的名氣或者成就，而是她一路走來的堅韌和勇氣。母親的出身很好，但她的際遇並不順，甚至可謂非常艱難。她今天得到的一切，我深信是她自己甚至身邊很多人做夢都想不到。記得母親剛開始教授烹飪的時候，我一位長輩冷言冷語説：「哼，幾十歲人才出來做事……」也許就是因為這種嘲諷，反讓我們有了自己的底氣。靠自己努力，無論結果是怎樣都比靠人家好。

我不認為方太是名人，更不是明星，她只是一個為了賺外快而投身社會的家庭主婦，是五個孩子的媽媽。藉着這本書，我希望大家收穫的不只幾個食譜，而是看到她努力生活、天天向上的堅毅精神。我不知道人是否可以改變命運，但我相信天助自助者，只要肯努力，天總無絕人之路。這不僅是過去獅子山下老百姓的生活哲學，也應該是一個女人在家庭中秉持的態度。

感謝各位一直以來對家母的支持和愛戴，你們給她的鼓勵一直溫暖着我們。我衷心祝福大家身體健康、平安喜樂！

方寶妮

目錄

Taste of Life by Mrs. Lisa Fong

方 太 的 滋 味 人 生

憶父親

我的父親和母親①在一九四五年便來到香港定居。父親的工作特殊，②八年抗戰結束後，他說告老返鄉，其實也可說是解散自己的部隊，不再參軍和參政了。他移居香港後便平淡度日。我們這些年紀較大的孩子，就跟着兄姐們仍留在上海居住和讀書，那是我感覺最開心的日子，主要是因為那些被母親疼愛、善妒嫉的幾位姐妹已跟隨父母先去了香港，使我們幾個失去親生母親的孩子較能安靜度日。大家庭同父異母的兄弟姐妹多、閒話也多，相處也較困難。

一九四八年冬天，突然二姐託堂兄把我們這些弟妹送

① 編按：指方太父親的第二太太。方太父親共有三位太太，其親生母親排第三。
② 編按：方太父親曾是國民大總統的得力愛將，擁有兵權，部下眾多。

小知識

八年抗戰

中國抗日戰爭，即日本侵華戰爭，由一九三七年「七七事變」起，至一九四五年日本在二次世界大戰投降為止，史稱「八年抗戰」。內地另以一九三一年「九一八事變」起計，故又稱「十四年抗戰」。

至香港，接着上海就解放了，可能是他們先得到消息吧。我來香港後便和父母同住北角，那時我只有十四、五歲。

父親因為時局的變遷，看來很難重返內地，就落地生根，開始在香港投資做生意。父親本不是生意人，加上是外省人，到了香港「人生路不熟」，做生意多以虧本或被騙而結束。他雖是軍人出身，但也是讀書人底蘊，為人忠厚、不願傷人，所以即使受騙，也只當作是一次學習或一個教訓，總不予追究，甚至還說也許對方比自己更需要錢。然而，因這種事的發生，令我們家庭經濟受到很大的影響；另一方面，留在上海的兄姐們也漸漸失去聯絡，變成連後援也沒有了。現在想來，那其實是父親一生最艱難的日子，可惜做兒女的當時都不太領會，未能為他分憂。我們做兒女的只感覺在新環境生活和在上海時有很大的區別，語言、文化和生活習慣都不同，難以適應，日子過得很不快樂。我的早婚也受到這些影響。

五十年代香港電車車票

電車是當年香港島主要交通工具，來往筲箕灣與跑馬地之間，或上環街市與堅尼地城之間，頭等車費只需一角（一毫子）。

五十年代
香港市區一景

五十年代香港灣仔
軒尼詩道唐樓

唐樓是五十年代香港普通民居典型。

我婚後曾在筲箕灣住過一段時間，住所就在那時的太古糖廠附近。由我夫家去北角坐一毫子電車就可到達。我差不多每天都會回父母家，幫忙做些家務或煮飯。

父母的家坐落北角一棟唐樓上，要走三層樓梯，面積約一千平方英尺左右；那是租的，每月租金港幣數百元。父親做生意被騙去及虧蝕的錢，金額頗鉅，據説當年足夠購買北角數十個門牌號碼的樓宇。可是，父親從不再提這些事。

我們在北角的家，從陽台可看到海及出入海峽的船。每天下午，父親都會去海邊散步。我雖已結婚，但在父親心中仍是個小女孩，他喜歡帶我同

小知識

太古糖廠

太古糖業於一八八一年由太古集團成立，煉糖廠位於香港鰂魚涌，與同為太古成立的太古船塢及香港汽水廠於一八八三年同時建成，翌年開始投產。在二次大戰期間，廠房遭受嚴重破壞，戰後重建，於一九五零年重新投產。煉糖是香港早期主要工業之一。到上世紀六十年代，太古成為香港唯一的煉糖廠。太古糖廠於一九七二年停產，翌年拆卸並在原址改建成現在的太古坊。

五、六十年代北角英皇道雲華大廈

五、六十年代香港北角海岸景觀

五十年代北角已有相當發展，如皇都戲院、北角邨，以及大大小小的舞廳等的出現，反映一片城市風光。

行，一邊散步一邊與我說些私己話。我深愛父親，在我親母死後③他是我最親的人，我們無話不談。我明白父親愛我，但現實生活中的許多事，他也是無可奈何。

當年我常在父母家吃飯，有時也會煮些小菜帶給父母，聊表孝敬之心。那時在北角海邊常有漁民出售一些海產，售價有平也有貴。其中有一種叫做「青蠔」的，只賣八毫子一斤。父親說，那其實就是新鮮的大隻的淡菜，也就是現在說的青口。廣府人用它來煲湯，我卻用來炆腩肉，父親很喜歡，說味道真的不錯。

此外，我會選用新鮮的豬大腸炆煮成紅燒大腸，也是十分美味而受到父親讚賞的。豬大腸價廉，只是清洗麻煩，工夫多，也多因為如此，不是每個人都能烹調得出色的。現代人講究健康養生，少吃肥膩，但價廉物美的傳統美食，偶爾嚐一次，我想，也不會太過吧。

父親在一九六七年移民加拿大，我曾兩次前去探望，第一次是與父母親同在加拿大過春節，而機票是我家境寬裕的二姐贈送的。我為了能見父親一面而暫時放下自己的孩子們，讓他們在香港自己過年，大的照顧小的，他們都很懂事和合作，不會讓我太過擔憂。和父親的重聚是令我十分歡愉和感動的。每天都由我負責煮飯，父親在旁監督。母親是有

③ 編按：方太親生母親在她八歲時過身，終年三十三歲。

福氣的人，她在加拿大照樣是每天睡至中午十二時才起床，一生都不曾做家務。雖然她生了十多個孩子，但都是由奶媽和傭人照顧，所以她連替孩子換尿布都不會。看到我婚後要自己做家務和照顧兒女，她常感嘆我是大孩子照顧小孩子，太可憐和太辛苦了。

我第二次探望父親，是在我初加入烹飪中心開始工作的時候。父親很鼓勵我，並跟我講了很多關於飲食的趣聞，又教我許多食物種類和知識，他給我的這些資料都是書本上無法找到的。父親絕不是一位出色的大廚，只是因為他的經歷、他的見識，使他懂得吃的藝術和品味。父親十六歲就離開老家，投考保定軍校④，是第一屆畢業生，他的同學們都是知名人士，在他們那個時代都曾經是顯赫一時的風雲人物。父親曾說，他從三十歲開始，每年過新年必有魚翅。所以在他移民後，兄姐們每年都會特別為他送上魚翅，使他的老外鄰居也有機會嚐到這位老將軍的中國佳餚。

父親離世時是九十歲整，已是多年前的事了，但他和我之間相處的種種情景，我永記在心，點滴難忘，更不會忘。唯一使我感到遺憾的是，父親沒有機會看到我努力工作而得到的成績。雖然小女寶兒總以「外公會在天上看到的！」來安慰我，但我心中總覺黯然。

④ 即保定陸軍軍官學校，創建於一九零二年，一九二三年停辦，是中國近代史上第一所正規陸軍軍校。

得不到父親的讚賞和喜悅，有成績又如何呢？我總是感到欠缺父親的欣賞是一件憾事。我想念父親，希望他真的能在天上看到我工作的成績。

父親喜歡我煮的紅燒大腸，我不會再做了，不但麻煩，也無人懂得欣賞，在本書中破例一次，藉此表達追思。至於青蠔炆豬肉則是兒女都返港時我家常煮的菜，他們吃這道菜時，總會記起這是外公喜歡的家常美食，更會談起年幼時得到外公的種種疼愛。這使我明白「愛」就是如此一代一代傳下來的，更衷心希望父親能知道我們對他的憶念。

我常說笑話：在兄弟姐妹中很多都放洋留學，而我這個讀最少書的人，卻出了如此多的烹飪書，更有人喜歡我的散文（不過是胡言亂語），真是絕大的「諷刺」。當然，這是說笑，不能認真。事實是一個人只要「肯做」，不怕失敗，不怕辛勞，總能做出一點成績。我相信路是人走出來的。

青蠔炆豬肉

Mussels and Pork Stew

材料：

急凍青蠔約六両，半肥瘦豬肉六両，薑片、葱段各少許，乾葱二粒。

調味：

老抽 1¼ 湯匙，蠔油一湯匙，鹽、糖各少許，水約一杯

做法：

① 青蠔、豬肉同汆水，豬肉切成塊狀。

② 燒熱油約一湯匙，爆香薑片、葱段、乾葱，放下豬肉爆炒片刻，再放入青蠔，灒酒炒勻。

③ 將調味加入，用大火煮滾後改用小火、炆煮至材料腍、汁液少即成。

Ingredients

225g Frozen Mussels
225g Marbled Pork
Some Ginger Slices
Some Spring Onion Sections
2 Cloves of Shallots

Seasoning

1¼ tbsp. Dark Soy Sauce
1 tbsp. Oyster Sauce
Salt, to taste
Sugar, to taste
1 cup Water, approximately

Cooking Method

① Boil enough water in a large saucepan, blanch the pork and mussels. Drain and cut the pork into thick slices.

② Heat 1 tablespoon oil in a wok, add the ginger, green onion and shallot and sauté until fragrant. Add the pork slices, stir-fry over high heat for a minute, add the mussels afterwards. Sprinkle the wine in and stir well.

③ Add the seasoning and bring to a boil over high heat. Simmer over low heat until the ingredients soften and the sauce reduced. Serve.

Tips

青蠔，也叫青口，超市及凍肉舖有售。

Mussels can be found in many supermarkets and frozen meat shops.

青蠔炆豬肉 Mussels and Pork Stew

紅炆豬大腸

Stewed Pig Intestine in Soy Sauce

材料：

豬大腸一條，薑片、葱段各少許，八角一粒。

調味：

老抽 1½ 湯匙、生抽半湯匙，片糖約半塊。鹽、胡椒粉各適量，水份適量。

做法：

① 大腸先用鹽擦洗外層，再反出內層，去除內部肥脂，用鹽和生粉擦洗乾淨，再反回原狀。

② 將整條大腸放入滾水中略煮至收縮，取出再次洗淨，瀝去水份，可切成大段。

③ 燒熱少許油，爆香薑片、葱段，放入豬大腸，灒酒，放入調味及過面的水份，煮滾後，用中火炆至大腸腍、汁減少。

④ 取出切段，淋汁在面即成。

Ingredients

1 Pig Intestine

Some Ginger Slices

Some Green Onion Sections

1 Star Anise

Seasoning

1½ tbsp. Dark Soy Sauce

½ tbsp. Light Soy Sauce

½ Slab Sugar

Salt and Pepper, to taste

Water, adequate amount

Cooking Method

① Rub the intestine surface with salt. Pull the intestine over to turn inside out. Remove the fat inside and rub this surface with salt and cornstarch, rinse under running water. Then turn the intestine outside in.

② Bring a pot of water to a boil. Add the intestines and cook until shrink. Remove the intestine, rinse it under running water, drain and cut into sections.

③ Heat oil in a wok, sauté the ginger slices and green onion sections until fragrant. Add the intestine pieces and sprinkle the wine in. Add seasoning and enough water to cover all the ingredients and bring to a boil over high heat. Then reduce to medium heat, simmer until the intestine soften and the sauce slightly thickened.

④ Remove the cooked intestine from wok and cut into small pieces. Serve in plate with the sauce.

Tips

大腸即連腸頭的部份，售價不貴，但清洗較複雜，並一定要除去內層肥脂，否則會有異味。

The price of pig intestine is not expensive, but it is difficult to clean. To prevent unpleasant smells, the fat inside must be removed clearly.

紅炆豬大腸 Stewed Pig Intestine in Soy Sauce

生日飯

現在的孩子很幸運，小小年紀，父母就會為他們慶祝生日，而不可少的是一個插上蠟燭的生日大蛋糕。對於年歲略大的孩子，父母更會邀請孩子的朋友和他們的家長來參加生日會，唱生日歌、點蠟燭、許願、切生日蛋糕等，都是不可缺少的環節。吃蛋糕慶祝生日這回事，在我小時候卻是從來沒有的。那時家中環境也不錯，我們住在上海，那時的上海已是一個華洋雜處的城市，而我們家是在法租界內，更是十分洋派和摩登的地方，但印象中從來沒有吃生日蛋糕的。

記得那時年幼的弟妹們過生日，家裏就會煮一鍋菜肉湯麵，材料以蔬菜、冬菇和肉片為主，也可放些蝦米（上海人叫作「開洋」）。麵條就是上海麵，但上海麵也分多種：一是最細切的；二是扁形的；三略粗；四最粗。做菜肉湯麵應選第三種，即比細麵略粗的那種，放在湯中才不會糊爛。細麵適合做

小知識

法租界

法國在一八四九年於上海設立租界，大致位於原盧灣區和徐滙區內，東達原黃浦區，是近代中國四個法租界中開闢最早、面積最大、也最繁榮的一個（另三個是天津、廣州和漢口）。據說在一九一零年代，住於上海法租界內的華人超過十萬。二十世紀二、三十年代，法租界內有不少上層華人的花園別墅。一九四三年七月三十日，汪精衛政權收回上海法租界，改稱第八區，結束法租界近百年歷史。

三十年代上海外灘

上海在上世紀二、三十年代已非常繁華，是一個華洋雜處、追求時尚的大都會，有「十里洋場」之稱，尤其是外灘的國際企業建築群更是富麗堂皇。

陽春麵，配合菜餚吃；扁形的也可做陽春麵或做炒麵；最粗的即上海粗炒那種麵條。

上海人生活講究幽雅細緻，喜歡巧手烹佳餚，即是不介意食材的昂貴或便宜，但要用手藝做得精巧和可口。菜肉湯麵其實也是家常菜，簡單而好吃。過生日吃湯麵，配個滷水蛋，孩子們已很高興，大人也方便，更豐儉由人。其實，很多家庭都會用吃麵這種方式來慶賀生日，同樣不能缺少的是麵條，因為長長的麵條代表長壽；但麵條一般會選最幼細的那種，在上海南貨店和專賣麵的店舖有售。另外，也有人會以幾款菜餚伴陽春麵，雖有湯，但麵中無菜料，而麵湯也不需上湯，是以水加麻油、生抽各少許煮成，惟只有這樣才能真正品嚐到既含有好意頭而又美味的菜餚。

在煮生日麵時，最好用大的炒菜鑊，鑊裏的水要多，水大滾時才放入麵，如麵多要分數次放入；另在碗中先放少許生抽、麻油和滾水，待麵灼熟撈到碗中便成。煮麵時間要掌握得好，否則會脹乾。如真的太乾時，可在碗中再加入滾水或煮麵的水。說來容易，其實都甚考功夫。

說到配麵吃的意頭菜，學會後也可作為家庭日常菜式。以前的人持家節儉，上桌時有數款菜，其實烹調時可能是「一鍋煮」，可說是「慳水又慳力」的巧婦手藝。在以下介紹的菜餚中，如紅燒排骨、豬肝、豬粉腸和滷蛋，都是可以一鍋煮的，當然會有先後

紅燒大燴

次序及手法。配麵吃的意頭菜（象徵好彩頭）如下：

（一）碧綠長青（菠菜或小白菜炒百頁）；

（二）鴻運當頭（紅燒肉或排骨）；

（三）燻魚（取富貴有餘之意）；

（四）滷蛋（取綿綿不盡之意）；

（五）豬肝、粉腸（代表長有）。

以上五款是配生日麵必定的菜餚。當然，也可加入涼菜，則是隨心安排。

當年在我的孩子年幼時，我們是節儉度日。慶祝他們生日，我會煮菜肉湯麵，加雞蛋和紅燒肉，他們已很開心了。孩子漸長大，因為他們的朋友、同學生日時都有生日大蛋糕，加上我開始工作而且越來越忙碌，我們也改用生日蛋糕賀生日，上面放着寫有壽星名字和祝賀句子的朱古力牌就更開心了。由去年開始我們又再以吃麵慶生，我對兒女們說：「你們生日，媽媽煮麵賀你們。」我還向他們解說菜名的寓意，及我家鄉的傳統。如果他們喜歡生日蛋糕，也可準備小小的一個作為甜品，同樣可唱生日歌和吹蠟燭、許願，不減興致。孩子們很高興，都喜歡我為他們煮麵賀生日，只說怕我太辛苦。他們不知道，在我心中從來都覺得，有食材可供烹煮，本就是福氣，最怕是沒得煮呢！「辛苦」，在我生命的字典中是很難找到的。只要有錢就可買到各式花款的生日蛋糕，但母親煮的生日麵，除了味道是獨一無二外，更加有母親特製的「精華」——愛！這應更為珍貴。我想他們會明白我的心意，會欣賞和享受我特別為他們煮的生日特餐。這生日特餐，希望大家也會喜歡。

寶兒是我最小的女兒，自她懂事後，她每年生日都會向我致謝，感激我帶她來到這世界及照顧她長大。她出來社會工作後，每年她生日必邀請我去旅行以示感恩和慶祝。我想，做父母的除為兒女慶祝生日之外，也要讓他們明白生命的意義。為兒女們賀生日，是大家開心的事，但我會讓孩子自幼就懂得感恩和欣賞得到的一切，因為幸福並不是必然的。否則怎樣的慶祝也無意義。這種家庭教育需要耐心，慢慢講解和誘導才會成功。至於我為兒女煮麵做菜慶生，並不是為了找事做，只是感覺自己開始老了。我們共同經歷的事、走過的路都不容易，今天他們能各有自己的事業、工作及家庭，都是我們同心協力、長期奮鬥的成果。他們每人都有能力買生日蛋糕為自己慶祝，但那又怎能與母親親力親為、用愛烹調的生日麵相比呢？但願大家都健康快樂，一家人只要有心、有情，簡單的一鍋菜麵又何妨？我想應教孩子懂得欣賞和珍惜，親情才是世上最好的禮物！

紅燒大燴

Pork and Offal Stew

材料：

雞蛋四隻，腩肉約十二両，豬肝一塊約六両，粉腸一串，八角二粒，薑、葱各少許。

調味：

老抽約三至四湯匙，鹽少許，冰糖少許，水適量。

做法：

① 腩肉汆水後切成塊狀，豬肝先用清水浸透（需換水數次），再汆水，待用。

② 雞蛋連殼煮熟，去殼待用。粉腸通洗乾淨，汆水待用。

③ 燒熱少許油爆香薑片、葱段，放入腩肉爆炒透，灒酒，放入八角調味及過面的水份，煮至滾起。

④ 將豬肝、粉腸同加入上項材料中炆煮至半腍，放入雞蛋煮至汁料濃、材料熟，即可取出分切上碟。

Ingredients

4 Eggs
450g Pork Belly
225g Pork Liver
1 Small Intestines
2 Star Anises
Some Ginger and Green Onion

Seasoning

3-4 tbsp. Dark Soy Sauce
Salt, to taste
Rock Sugar, to taste
Water, adequate amount

Cooking Method

① Blanch the pork in boiling water, drain and cut into thick pieces. Soak the pork liver thoroughly and blanch.

② Boil the eggs. Clean and wash the intestine, blanch in boiling water, drain.

③ Heat oil in a wok, add the ginger slices and green onion sections and sauté until fragrant. Add the pork to stir-fry for a minute and sprinkle the wine. Add star anises, seasoning and enough water to cover the pork and bring to a boil over high heat.

④ Add pork liver and small intestines. Reduce to medium heat, simmer until all the ingredients become soften. Add the eggs and cook until the sauce thickened. Transfer to a plate and ready to serve.

Tips

炆煮的菜看似簡單，其實比炒菜難，要看火候與時間。菜譜只是介紹方法，主要是靠各人的領會與學習，望熟能生巧。腩肉也可整塊滷後切片，可隨意。

Stewing is more complicated than stir-frying. Temperature and timing are key factors. This recipe provides the basics for stewing. Practise makes well.

The pork belly can be cooked in whole and sliced afterwards.

紅燒大燴 Pork and Offal Stew

碧綠長青

Shanghai Tofu Sheet with Greens

材料：

厚百頁五張，菠菜或白菜仔半斤，薑二片。

調味：

生抽 1½ 湯匙，鹽少許，糖約一茶匙，水約半杯。

做法：

① 百頁切成粗絲，放大碗中，加入蘇打粉半茶匙，注入滾水浸泡至略軟，沖洗乾淨，再放入滾水中略煮至軟，洗淨揸乾水份，待用。

② 菠菜（或白菜仔）洗淨，切成約二吋長段。

③ 燒熱油約二湯匙爆香薑片，放入菜炒至軟熟，盛出，待用。

④ 燒熱油二湯匙，放下百頁炒勻，注入調味至百頁入味，加入菠菜同炒勻即成。

Ingredients

5 Thick Sheet Tofu

300g Spinach or Bok Choy

2 Ginger Slices

Seasoning

1½ tbsp. Light Soy Sauce

Salt, to taste

1 tsp. Sugar

½ cup Water

Cooking Method

① Cut the thick sheet tofu into thick shreds. Put the shreds in a large bowl, soak in boiling water with ½ teaspoon baking soda to soften. Rinse under running water and then blanch in boiling water. Rinse and squeeze water.

② Wash spinach (or bok choy) well and cut into 5cm-long sections.

③ Heat 2 tablespoons oil in a wok, add the ginger and spinach and stir-fry until cooked. Remove and set aside.

④ Heat 2 tablespoons oil in a wok, add the tofu shreds and stir-fry. Add the seasoning and cooked spinach. Stir well and serve.

Tips

百頁分厚薄二種，炒宜用厚，上海南貨店有售，要先泡軟才能用。百頁要略多油炒才好味，因是豆類產品，質地較乾。此菜冷熱皆相宜，可配麵或飯共食。

Sheet tofu can be bought from Shanghainese grocery stores. There are thick and thin sheet tofu. The thick one is more suitable for stir-fry and it must be soften before cooking. Because sheet tofu is a soybean product, the texture is dry. It needs to be fried with much oil. This dish is delicious in hot or cold. It's suitable to serve with noodles or rice.

碧綠長青 Shanghai Tofu Sheet with Greens

過新年

在一九四八年之前，每年的春節都在內地度過，有時是在北京、天津，有些時候是在上海、南京、蘇州等地。無論是在哪個城市，臘月天時，都是冰天雪地、十分寒冷的日子。關於過新年，我們家族有一個祖上傳下的規矩，是在年卅晚開始拜祭三代祖先，我們稱為「上供」，即是拜祭父親以上的三代（祖父母是最近的一代）。先父十分孝順，且那是他最風光權威的年代，故新年上供拜祖先是我們家很重要的大事。

準備上供時，我們兄弟姐妹也十分起勁，看着工人、廚師、長輩們忙得團團轉，我們樂不可支。猶記得是用兩張八仙枱拼在一起成為長桌，除放上大型銅製香爐和燭台外，還逐一放上食品，先是四式水果，然後是乾果類，再來是餅類、果盤（即全盒）等，擺滿整桌。最奇特的是不設座椅，但在桌子靠牆的一端擺放筷子共九雙，因為那時的男人不止一位夫人，故三代即是合共九位先人了。桌上設有酒杯，不需供飯。桌子的另外兩邊又擺滿筷子和酒杯，那是供奉小一輩或平輩的先人，意思大概是請他們一齊來接受供奉吧?!上供的菜式有雞鴨魚肉、魚翅海參等，式式俱全，還有火鍋，可說豐富之極。全部妥當後，由父親領先跪拜和磕頭，隨後是長輩們，然後才輪到我們這些後輩，大家會依着年齡的長幼而跪拜。這一席供品由年卅晚開始一直供到年初四早上才撤下；當然，收拾之前也要行一番跪拜之禮。那些食物雖已擺放了幾天，但因天氣寒冷所以也不會變壞，撤供後就由傭人們處理了（他們會用作自己的飯菜）。最妙是那些糖果、乾果，這時只剩下少許了，多數是因為我們兄弟姐妹每次走過就悄悄拿掉一些的關係，大人們也少理這種頑童所為。

至於我們的年夜飯，會在上供之後才全家圍桌同食，而菜式和上供的食品大同小異，除此之外，有一款叫做「歡喜糰」是絕不能少的。記得母親曾說，吃了歡喜糰就全年都歡歡喜喜，每人必定最少要吃一顆。其實，那就是把剁碎的豬肉做成圓子，黏上浸透的糯米，蒸熟而成。江南一帶的人很注重意頭（彩頭），尤其是過年過節都喜歡取好兆頭，要多說吉祥

歡喜糰

話。如果持家的主婦不教會孩子、傭人過年時說吉利好話，會被視為無教養，會被人看不起。

另外不能缺少的一味是「如意菜」：全素的，以大豆芽為主（因為大豆芽形狀似玉如意而得名），其他材料有百頁、水筍、雪裏紅、甘筍、芹菜等。據說最初是主婦們將家中的剩餘食材，加入大豆芽同煮，並取了這一個吉祥的名字，於是就被重視而上了大枱，由此可見人們對取好意頭的喜愛。

我在新年時也會煮如意菜，除喜歡它的意頭，更喜歡這菜的美味，這是我的孩子們都讚美的菜式。由此可見材料的貴或便宜並非大問題，反而創意、烹調手法及對食材有真正的理解和掌握，才是最重要的。正如我常對兒女們說，我們每個人都像不同的食材，含着金鎖匙出生的人，就似魚翅、海參、鮑魚等貴價品，而一般人也許只是青菜、蘿蔔或一條葱。如果不善於烹調，不懂得調校味道，即使貴價食材如魚翅、海參等也不會好味，因為它們本身都是無味的。相反，青菜、蘿蔔雖然價廉，但只要懂得烹調，同樣可做出美味佳餚；甚至只是一條青葱，陽春麵還少不了它的點綴呢！所以，做人只要肯努力，不放棄，就會創出自己的天地，成為有用的人。至於我做的歡喜糰，改用了蝦肉（即蝦膠），比用碎豬肉做的更好味；孩子們說是「頂級歡喜糰」。我笑對他們說，是「頂級」——即是「步步高陞」，祝福他們的事業及一切都「頂級」。

我家族過新年的食物還有餃子。如果我們在北京或天津過年，便會跟隨北方人過年的習慣，在年卅晚吃餃子。北方人的春節習俗是全家人圍坐一桌，然後「和麵」，即是將麵粉放入大盆中再加入冷水拌成麵團，再搓勻，擀成餃子皮。在北方，無論男女都會搓麵、擀皮、包餃子，這是他們以麵食為主的關係。我很欣賞這樣全家共坐，一邊閒話家常，一邊共同包餃子的溫馨。

至於我家，由於人口眾多，母親和我們這幫小孩只是湊熱鬧，讓大家高興而已，其實大部份是廚師做的，母親及嬸嬸們只參加包的過程，當然還會有女傭幫忙。最令人高興的是，母親會在其中一隻餃子中放一個小銀幣或一顆紅棗，如果有誰吃到這特製的餃子，便會有獎，也代表幸運，是使大家

高興的事。

包餃子的餡豐儉由人，可用菜肉餡，講究的還有三鮮等。北方人吃餃子不同廣府人吃水餃。北方人是將包好的餃子用大鍋清水（滾水）煮熟後撈出上碟，是不帶湯和水的。用糖蒜（即用醋、糖醃成）、生蒜粒，配合共食，也可用醋和醬油、麻油混合蘸食。

北方人吃餃子，每人的食量是以數十隻計算的。記得有一次，我在家包餃子，恰巧有朋友來訪，朋友是本地人，看到我包餃子很是驚訝，有興趣嚐嚐，問我可否請客？我說，只是菜肉餡的，如不嫌簡單便一起吃，接着問他要吃多少隻？他說，三隻就夠了。此話一出，引得大家都笑了，從來沒有人吃三隻餃子當作一餐的呢！

中國地大物博，各地的人都有不同的生活習慣。我從小跟在父母身邊，有機會接觸各地飲食，肯嘗試是父母所教導的。到我出來社會工作，常去東南亞一帶公幹，每次會逗留多天；閒時也會去歐洲、美國、日本等各地旅遊，故會接觸也能接受各地不同的食物，至少我肯嘗試。小兒子在外地工作，時常出差各地。他說，我們能接受各地不同的食物，因為我們已經有一個「國際胃」！他這話很風趣幽默，也很有道理。

餃子雖是北方人的家庭主食，但過年時吃它，是因為餃子的外形很像古時用的貨幣金、銀元寶，即有財富的意思，是新年祝福，也是祈願。我在工作最忙碌時，也曾在除夕夜和兒女們吃餃子作為團年飯，主要是不用準備太多菜式，反正年初一共聚時又要準備一輪吃的，不單是麻煩、辛苦，實在也是吃太多了。吃餃子配兩個冷盤已經很足夠，孩子們也喜歡，何樂而不為呢？

如意菜

Ru-yi Stir-fry

材料：

大豆芽半斤，雪裏紅（即雪菜）四兩，厚百頁五張，甘筍半隻，水筍絲適量，中芹段適量。

調味：

老抽 1½ 湯匙，糖半湯匙，水約 ¾ 杯，麻油少許。

做法：

① 大豆芽去尾端洗淨，雪裏紅洗淨切小粒後，再用清水洗一次揸乾（以去鹹味），待用。

② 甘筍去皮切絲，水筍絲汆水沖淨揸乾，待用。百頁切絲用滾水泡片刻，沖淨揸乾，待用。

③ 燒熱油約二湯匙，生炒雪裏紅，再放入大豆芽，甘筍絲同炒至軟，再放入百頁、水筍絲、中芹炒匀，注入調味料，煮至材料吸收調味及軟身即成。

Ingredients

300g Soy Bean Sprout	½ Carrot
150g Salted Mustard	Some Soaked Bamboo Shoot, shredded
5 Thick Sheet Tofu	Some Chinese Celery, sectioned

Seasoning

1½ tbsp. Dark Soy Sauce	¾ cup Water
½ tbsp. Sugar	Sesame Oil, to taste

Cooking Method

① Remove the root of the sprouts and wash well. Wash salted mustard and chop, rinse under running water and squeeze to reduce the salty taste.

② Peel and shred the carrot. Blanch the bamboo shoots shreds, drain. Blanch and soak the thick sheet tofu, drain.

③ Heat 2 tablespoon oil in a wok, stir-fry the salted mustard for a while, add the sprouts and carrot shreds, stir-fry until soften. Add thick sheet tofu, bamboo shoots and Chinese celery, stir well. Pour in seasoning, cook until the sauce is absorbed.

Tips

百頁吸水久煮才入味。此菜放雪櫃，可分多餐進食，翻煮會更入味。大豆芽形狀似如意，故叫做如意菜。

Sheet tofu will be more delicious after long cooking. This dish can be kept in the fridge and reheat for several meals. Since the shape of soy bean sprouts look like Ru-yi, the dish is called as “Ru-yi Stir-fry”.

如意菜 Ru-yi Stir-fry

歡喜糰

Happiness Meat Balls

材料：

碎肉約四至六両，蝦米一湯匙，葱粒一湯匙，薑米少許（⅓茶匙），糯米半杯。

調味：

生抽半湯匙，鹽⅓茶匙，胡椒粉少許，生粉二茶匙，水半湯匙，麻油少許。

做法：

① 蝦米略浸剁碎，糯米洗淨，瀝去水份，待用。

② 碎肉放入調味攪拌均勻，放入蝦米、薑米、葱粒同攪拌均勻，做成小圓子狀。

③ 將每粒小圓子沾上糯米，放上搽油的碟上隔水蒸熟，約半小時至四十分鐘。

④ 可隨意用杞子裝飾，也可用葱粒飾面。

Ingredients

150-225g Minced Pork
1 tbsp. Dried Shrimps
1 tbsp. Chopped Green Onion
⅓ tsp. Chopped Ginger
½ cup Glutinous Rice

Seasoning

½ tbsp. Light Soy Sauce
⅓ tsp. Salt
Pepper, to taste
2 tsp. Cornstarch
½ tbsp. Water
Sesame Oil, to taste

Cooking Method

① Soak the dried shrimps, drain and chop. Wash the glutinous rice, drain.

② Combine minced pork and seasoning. Add the dried shrimps, ginger and green onion, stir well. Devide the mixture into small portions and roll as balls.

③ Coat each meat ball with glutinous rice. Place on a greased plate and steam for 30-40 minutes.

④ Garnish with dried wolfberry or chopped green onion as you like.

Tips

江南一帶人喜在年卅晚或年初一食用「歡喜糰」，取意全年歡喜、順意、快樂的意思，表示祈福、祝福，由此可見外省人對彩頭的重視。此外，也是對小輩的一種教育，望大家都能將此意帶給下一代。

In Jiangnan Area (South of Yangtze River), "Happiness Meat Balls" is always on the dining tables at New Year's Eve and the first day of Chinese New Year. This dish symbolizes happiness, prosperity and joy. People often present this dish as a blessing to family and friends.

歡喜糰 Happiness Meat Balls

添丁養生美食

我第二位母親生了十多個孩子，她去世時享年八十二歲，但皮膚依然光滑無皺紋，兩手尤其嫩滑，絕不像一位八十多歲的老太太。她十七歲嫁我父親，一直養尊處優，因為父親有錢又有勢。但她的青春常駐，我想和她生孩子後的保養一定有很大關係。母親在生下弟妹們後便整個月臥床休養，對於吃，每次份量不大但次數很密，就是現在說的「少食多餐」吧。她的產後養生餐，最主要就是喝「雞露」了，即是把雞整隻斬件，放些薑片，用少許米酒隔水蒸煮至熟透，然後只取汁液，撇去汁面上的油，淨食汁液。這是雞的精華，不是加水燉的那種雞湯可比。一天吃個兩三次，就用上兩三隻雞了，而那些剩下的雞塊就作為小孩和傭人的飯菜，開始時很受歡迎，但整個月天天吃就再沒人愛吃了。另外是用老雞熬湯，加入豬腰，那雞也是不吃的，只用熬出來的湯來煮掛麵（即麵線），而豬腰煮得酥爛，與麵同吃，也可配粥。

江蘇一帶的婦人，生孩子後整個月都吃得很清淡，更不吃深色的老抽，據說可保持皮膚的白嫩，由此可見女性愛美的心態。雖說是無科學根據的事，不過，吃得清淡，少吃鹽，對產婦補身及養生都是好事。以前社會普遍清貧，有飯吃已是幸事，所以俗語說「送飯」，即是用鹹味食物配飯，以飽肚為主。因此鹹魚、鹹菜都是大眾日常生活中的主角。如今社會富裕，人們追求口腹之慾，但過份吃喝會使健康受到損害。初生嬰兒的產婦，身體確有虧損，需要休息進補以復元氣，但也不能胡亂進補，進補不當不但會使腸胃不勝負荷，更可能令產婦變成肥婆。我想，這是女人最不想發生的事了。我們家鄉的習慣是，婦人產後應少食多餐，而且食物要易消化的，除湯和麵之外，也會用上海米煮成較濃稠的紅棗粥，配粥的菜是瑤柱煎老蛋，也可用蒸肉餅之類，還會吃些菜肉雲吞，但此時菜類宜少吃。

如今社會轉變，生孩子貴精不貴多，年輕的一代懷孕生育都是大事，請陪月加上老人家的幫忙，變成四、五人照顧一大一小，卻還說忙不過來。我覺得生活要看當時的處境，廣府人常說「馬死落地行」，真是很生活化的話，否則是自尋苦惱。我有五個兒女，全部是我一手照顧長大的。記得當年產後四、五天便從醫院返家，照樣要做家務，同屋的年齡較長的「師奶」們就對我說，產後雙手不能沾凍水，要怎樣怎樣的補身……。試問如果手不沾水，誰來洗衣、煮飯、洗尿布？環境根本不容許這種奢侈，所以都是「一腳踢」（自己做妥）。唯一幸運的是，年幼時家中兄弟姐妹多，有機會看到奶媽們照顧弟妹們的一些手法，從中學會一點，其他就靠自己在摸索中學習了。看到現代的年輕媽媽說搞不定，我除鼓勵和教導一些基本育兒法之外，也告訴她們其實已很幸運和有福氣。我們那一代的婦

六十年代香港公共屋邨一景

六十年代香港社會普遍貧窮，人人習慣簡樸生活，並以勤儉為美德。

女生孩子是責任，沒甚麼驚喜，是自然不過的事；產前要操勞，產後更要多照顧一個小孩，家用還是同樣的一份。

那年代，沒有紙尿片，沒有洗衣機，更沒有電飯煲，還要加上沒有錢！日子就是這樣走過來的。如今我也一把年紀，除了老也沒有特別的病痛，我想，是性格主宰了我的命吧。產後當然需要休息調養，但不過份為好。我母親的產後補養食譜很多，我這裏介紹的比較易做，且符合現代人的生活習慣，有興趣可參考。其實，主要是少肥脂，易消化，有營養，以及口味清淡。另外值得一提的是我的生母，她是潮陽人，不過在上海長大。在弟妹們出生後，她也會休息和吃些簡單而易消化的食物，不過沒有我二媽講究，這也是性格關係吧。記得她在坐月子時長吃潮汕薑醋雞湯，是由我家從汕頭請回來的女傭特別煮的，在煮時已聞到很香的醋味。那時我約七歲左右，傭人會給我小半碗讓我嚐嚐，我覺得很好吃。這薑醋雞湯平時也可用來補身，尤其是女性，有興趣可試試。

潮汕薑醋雞湯

瑤柱薑蓉煎老蛋

Pan-fried Egg with Ginger and Scallop

材料：

雞蛋二隻、瑤柱二粒、薑蓉半湯匙。

調味：

鹽⅓茶匙。

做法：

① 瑤柱用三湯匙滾水浸片刻至軟，取出撕成瑤柱絲，待用，瑤柱水留用。

② 雞蛋打散，加入調味拌勻，待用。

③ 燒熱油約一湯匙爆炒薑蓉、瑤柱絲，加入少許瑤柱水炒勻，盛出，待用。

④ 將半份瑤柱絲加入蛋液中，並加入瑤柱水，用熱油煎成蛋餅狀上碟，並放上瑤柱絲在蛋面即成。

Ingredients

2 Eggs

2 Dried Scallops

½ tbsp. Minced Ginger

Seasoning

⅓ tsp. Salt

Cooking Method

① Soak dried scallops with 3 tablespoons hot water. Then loosen into thin strips. Reserve the soaking water.

② Beat eggs and mix well with seasoning.

③ Heat 1 tablespoon oil in a wok, sauté the minced ginger. Add dried scallop strips with some soaking water, stir well and transfer to a bowl.

④ Put half of the cooked scallop strips into the beaten egg. Add the remained soaking water, mix well. Heat oil in a frying pan, pour in the egg batter and cook until both sides are brown. Transfer the egg to a plate and sprinkle scallop strips on top. Serve.

Tips

蛋營養豐富，易消化，易被身體吸收。江南一帶產婦產後喜用煎老蛋配紅棗粥共食。

Egg is a nutritious food and is easy to digest and absorb. In Jiangnan Area (South of Yangtze River), post-natal women like to have pan-fried eggs with red dates porridge for meals.

瑤柱薑蓉煎老蛋 Pan-fried Egg with Ginger and Scallop

潮汕薑醋雞湯

材料：

雞蛋二隻、雞件或雞肉適量、薑米、薑絲各二湯匙，雲耳少許，米醋約半杯至¾杯。

調味：

赤砂糖適量，鹽少許。

做法：

① 雞蛋煎成荷包蛋，待用。

② 燒熱少許油爆香薑絲、薑米，放入雞炒至半熟，灒酒少許，加入適量水份，煮至雞件熟透。

③ 將荷包蛋、米醋加入上項雞湯中，加入調味，煮勻即可趁熱食。

註

此雞湯適合產後婦女進食，有驅風補身功效。糖、醋及薑的份量，可隨個人口味增多或略減。除產後進食，婦女們也可每月進食以增強健康。

Ginger Vinegar Chicken Soup

Ingredients

2 Eggs
Some Chicken Chunks or Chicken Meat
2 tbsp. Chopped Ginger
2 tbsp. Ginger Shreds
Some Black Fungus
½ - ¾ cup Rice Vinegar

Seasoning

Some Brown Sugar
Salt, to taste

Cooking Method

① Fry the eggs.

② Heat oil in a wok, sauté chopped ginger and ginger shreds until fragrant. Add chicken and stir-fry until half cooked. Sprinkle the wine and add adequate water to cook the chicken.

③ Add fried eggs, rice vinegar to the chicken soup. Add seasoning and mix well. Transfer to a bowl and serve.

Tips

This chicken soup is a nutritious diet for post-natal women. The amount of sugar, vinegar and ginger can be adjusted accordingly. This soup is also good for women's health.

知慳識儉

我這裏為大家介紹一款經濟的美食——「麵老鼠」。

五十年代社會貧窮，打工仔的家庭真是要量入為出，對一個家庭主婦來說，丈夫給的家用就包括應付家中一切開支，兒女幼小時還簡單，當兒女逐漸長大，丈夫給的家用卻沒有增加，確實是主婦傷腦筋的事。

我從來有一個信念，就是健康至上，有健康才有一切；另一句常對兒女們說的話，就是「飯可以不吃，書不可以不唸」。二者聽來似乎矛盾，其實我的意

五、六十年代深水埗北河街

當年香港社會普遍貧窮，打工仔家庭必須量入為出。

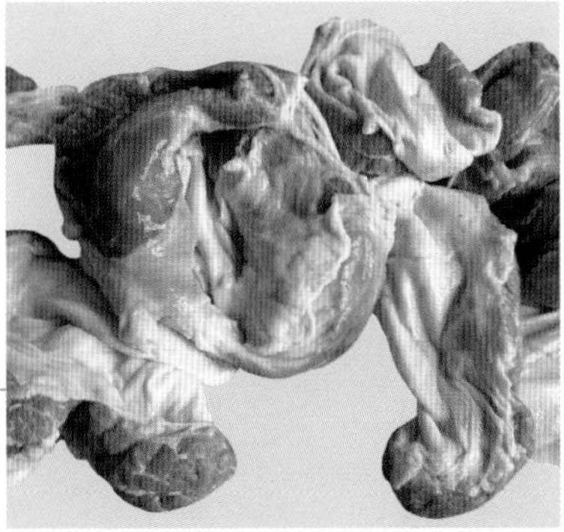

蝴蝶腩

是一種相連着薄膜的豬肉，本為屠房的「剩餘物資」，售價便宜，可說價廉物美。

思是，可以簡單的有營養的吃，不需講究「花款」。那個年代尚未有超市，買米要在米舖，記得約五毫子一斤。可以只買一斤，即是沒錢時可「散買」，要吃多少就買多少。又有「米碌」，即碎米，售價便宜些，每斤約三、四毫子。有錢當然可以一次買十斤甚或五十斤，店舖會送貨上門。米是主要糧食，是大開銷，當孩子漸漸長大，尤其是發育時期，每餐吃兩三碗飯是常事。那個年代也有很多零食，孩子的零用錢不夠他們在外購買食物，最多只夠他們買兩粒糖，所以家中的飯就是最主要的了。

家中每月吃多少米，每天都要精打細算，這是現代人無法想像的事。我明白要有健康的身體一定要注重營養，所以我會多做些工夫，用便宜的材料做出美味的菜式。那時，我住在土瓜灣，鄰近當時的政府屠房。每天早晨，有人會在屠房取出一些肉類出售，相信是那些工人的「外快」吧。其中有一種相連着少許薄膜的豬肉出售，據說是連着豬肺部的肉，售價很便宜，八毫子便有一斤。我買回家後，用它煮湯或紅燒都很好味。當時我只感到「抵食」，也不曾多加研究。大約十多年前，這種肉突被美名為「蝴蝶腩」，引起一陣熱潮，真使我感到笑話。

為了不吃太多米，麵食也是很好的替代。可能我在北方生活過，不但不抗拒麵食，而且還很喜歡，好像饅頭配紅燒肉，是我的至愛食物之一。此外，掛麵、餡餅等也是我喜歡的，可是這些食物在製作上太麻煩了，作為「一腳踢」的家庭主婦，最重要是別替自己增加麻煩。所以，除了偶爾做餡餅作為獎勵孩子之外，其他的就不做了。同時，餡餅的材料並不便宜，是用剁碎的豬肉，加入冬菇、蝦米和蔬菜之類。我會為兒女做「麵老鼠」，其實就是麵疙瘩。①

① 麵老鼠是兒女小時候為麵疙瘩取的美名。

小知識

麵疙瘩

這是中國北方尤其是河南、山西一帶很普及的傳統麵食。由麵疙瘩變化出來的「貓耳朵」則是杭州的風味小吃。廣東人的街頭小吃「狗仔粉」也有異曲同工之妙。

「麵老鼠」的做法是先弄一鍋湯，材料豐儉由人，我多數用菜、豬肉片和蝦米煮成湯，然後將麵粉用水調成濃漿，用匙羹逐少挑出放入熱湯中，讓它煮至熟透，就可把麵料和湯盛到碗裏上桌。做「麵老鼠」不需要再預備其他餸菜，還省下米飯，有營養，又好味，孩子們也喜歡不常有的新口味，皆大歡喜。

每個家庭都會遇到有困難的時候或有經濟的問題，我的做法是永遠不向兒女們透露，主要是他們尚未成年，還在求學階段，根本無能力為父母分擔憂慮，他們的責任是讀好自己的書，這就足夠了。我和兒女們就是各守崗位，一步一步走過來的。他們因為自己的努力和付出，如今都擁有自己的事業和家庭，生活安穩。感激上天對我兒女們的恩賜！

麵老鼠

Lumpy Pasta in Soup

材料：

小棠菜三、四棵，瘦肉適量，蝦米約一湯匙，麵粉約四両。

調味：

鹽、生抽各適量。

做法：

① 菜洗淨切成半吋長段，瘦肉切片放入生抽、生粉各少許拌勻，蝦米沖淨。

② 燒熱油二湯匙炒菜及蝦米，注入約二湯碗水份，至滾起放入肉片，煮成湯料，用小火煮保持滾狀。

③ 麵粉放大碗中，加入適量水調勻成濃漿狀。用匙羹逐少撥入上項湯料中，煮熟，放入調味即可上碗供食。

Ingredients

3-4 Shanghai Bok Choy

Some Lean Pork

1 tbsp. Dried Shrimps

150g Flour

Seasoning

Salt and Light Soy Sauce, to taste

Cooking Method

① Wash the bok choy and cut into 2cm long sections. Slice pork and marinade with light soy sauce and cornstarch. Rinse the dried shrimps.

② Heat 2 tablespoon oil in a wok, stir-fry the bok choy and dried shrimps. Add 2 bowls water and bring to a boil. Add pork slices to cook over low heat.

③ Put flour in a large bowl, add water to form a thick batter. Pick up batter by a spoon and add to the boiling soup. Cook until done. Season and serve in bowls.

Tips

麵老鼠即像廣府人稱的「狗仔粉」，不過麵塊較大，命名「麵老鼠」是為了引起孩子們的興趣，以增加食慾。材料豐儉由人，可加冬菇或海鮮。

For variety, black mushrooms and seafood can be added to the soup.

麵老鼠 Lumpy Pasta in Soup

蝦米排骨菜飯

Spareribs Vegetable Rice

材料：

米適量，小棠菜半斤，排骨約六両，蝦米一湯匙。

調味：

鹽適量。

做法：

① 排骨斬小塊，用少許生抽略醃。

② 蝦米沖淨、小棠菜洗淨切成小塊或小段，米洗淨。

③ 將米放電飯煲，加入適量水份，待用。

④ 用二湯匙油爆香蝦米、排骨，並放入小棠菜加入少許鹽炒勻。

⑤ 將上項材料放入米中同煮成飯。

⑥ 至飯略收乾水時，需加按電掣一至二次，並用筷子拌材料，使菜與米飯混合，至熟即成。

Ingredients

Some Rice

300g Shanghai Bok Choy

225g Pork Spareribs

1 tbsp. Dried Shrimps

Seasoning

Salt, to taste

Cooking Method

① Cut spareribs into small pieces and marinate with light soy sauce.

② Rinse dried shrimps. Wash and cut the bok choy. Wash the rice.

③ Put the rice and water in a rice cooker, set aside.

④ Heat 2 tablespoon oil in a wok, sauté dried shrimps and spareribs. Add the bok choy and salt, stir-fry for a while.

⑤ Put the cooked ingredients into the rice cooker to cook with the rice.

⑥ Push the button once to twice after the water is absorbed. Stir well with chopsticks before serve in bowls.

Tips

菜飯材料不限，淨菜或加入配料隨意。多菜較好吃。菜不用炒至熟，略爆炒即成。

You can cook vegetable rice with vegetable only or with other ingredients. The more vegetables, the better taste. Slightly stir-fry the vegetables before adding to the rice.

蝦米排骨菜飯 Spareribs Vegetable Rice

人生最難行的路

我感覺人生最難行的路，應是婚姻之路了，單憑個人的努力很難成功，當然容忍也許可以保有夫婦的關係，但不代表是快樂、成功、完美的婚姻。婚姻的好壞在於夫婦倆的價值觀是否接近及能否有共同的思想領域。其中很重要是成長的背景。以前老一輩很注重男女雙方的背景，所謂「木門對木門，竹門對竹門」，這種觀念被新時代的人認為封建、勢利。我卻認為老一輩所指的是夫婦倆宜有同樣的成長背景，這很有道理。兩個不同成長背景的人，有許多事是有理也說不清的，主要是沒有對方那種「領會」。也許你們會說我要求太高吧？我確是有要求的人，我覺得人是會長大的，如果另一方停留在同一個階段，那對我來說就是苦事了。

我和丈夫共同生活三十年，結果離婚收場。在他去世後，有一次和孩子們同去拜祭他，我在上香後，對着他的靈位，心中很感慨，我對他說：「你的兒女們都有出息（上進、有作為），生活得好，你應該感到驕傲和安慰。至於我，應該做的事，我已為你做了，不應該做的，也都做了。你升天吧！如果真有下一世，不要再找我了，我們已告一段落，是恩是怨都罷了。」

我和丈夫是自由戀愛而結合的。當時年輕、不懂事，只想離開複雜和不愉快的家，其他都不放在心上。結婚後才明白，兩個人在一起過日子是如此複雜，要面對的事情太多了。但是我接受自己的選擇；我接受貧窮；我刻苦耐勞；我愛兒女，也愛丈夫；從無怨言，更不會向娘家吐苦。自己揀的路自己走。

記得有一年，丈夫患上急性肝炎，他是公務員，享有醫療福利和有薪病假。但是當時的政府醫生說，急性肝炎並無特效藥醫治，主要是休息，和服用維他命補充片之類，最重要的是不能吃油和脂肪，並要注意吸收營養。醫生給了病假，囑咐兩星期覆診一次，因此丈夫就整天在家養病，除了睡覺就是進食。他平時對飲食也很講究，病了要忌口就更麻煩了，要少吃多餐，同時要不時轉換口味，使我忙上加忙。丈夫是家中的經濟支柱，全家的生活都靠他；而且他是孩子們的父親，我不能讓他出事。所以，我讓他獨自進食，我笑說是「私家飯」。其實那是為了讓他吃得比我和孩子們講究，吃貴些、好些，更重要的是他不能吃油，更怕他會「恃病發惡」。煮菜不放油是不會好吃的，且又要顧及營養，可說是頗考功夫的事。

丈夫的「私家飯」之中，我煮了香芹煮烏頭魚，這是一款帶湯的菜餚，將魚先蒸熟再放入湯中，是既好味而且全不用油煮的。此外，有馬蹄蒸牛肉餅、豬腩瘦肉滾湯等，也有用紅棗、雪耳做甜品等。印象中菜式很多，但已是陳年舊事，不記得太清楚了。我記得的是，當年公務員如申請病假超過半年，超出的日子只能支半薪，這是我擔心的另一件事。幸好丈夫在四個月後已能恢復上班，對我們當年來說是一件大喜事。

我和丈夫二人在人生路上同行數十年，當我長大了，他卻仍停留在原地。身為女性，我願意照顧我的兒女，撫育他們長大，他們成年後與我像朋友般相處，關係非常親密。但我絕不能和一個永遠都長不大的男人相處，就像廣東話說的「湊仔是樂事，湊老公是悲事」。當然凡事也有例外，有人喜歡把丈夫當兒子般看待，那是別人的樂事了。我曾說過，我不鼓勵別人離婚，但也不反對離婚，看似矛盾，只因為我是一個肯面對任何事實的人。試想，若兩個有親密關係的人，無法溝通，彼此不親愛甚至仇視，卻還要生活在一起，那簡直是精神折磨。離婚並不是好受的事，兩個曾經共同生活數十年的人，儘管再沒有當年的

鮮百合雪耳糖水

愛情，多少總會有生活中的感情。

記得離婚後約半年，有一天要去一個特別的場合工作，我剛下車就看到前夫在對面，向我的方向走過來，眼神很兇，我沒多想就坐回車上折返家了。回家後，立即致電工作人員，向對方說我身體不適，不能依約出席。家中恰巧無人，掛線後，一時悲從中起，我哭了。良久，我問自己為甚麼會哭？是否仍愛着對方？還是不捨得這段婚姻？其實兩樣都不是，只是感慨到在人生中這段路走得不太好，應可以走得好一點的。所以婚前的認識很重要，有句老話說：戀愛，至少都要經過春、夏、秋、冬，不要很快就下決定。成為夫妻之後，也不要視為一切已成定局，兩個來自不同家庭的人，在不同背景下長大，總會有許多方面是不一致的。坦白的交談，體諒對方，還有與對方家人的相處等，都是重要的一環。我是從失敗中學會一些道理。

我與已去世的摯友在我離婚後共同相處了十多年。我們親愛，互相坦白，互相體諒，其中更要有能容人的寬宏大量。我是過來人，已進入老邁之年，有點人生經驗，我覺得做人最重要的是開心，有人做伴總是好事，即使難走的路，用心走就可走上光明大道了。希望大家懂得珍惜，明白愛是付出而不求回報，有緣千里才能相會，能成為相伴一生的人，總是緣份，祝福大家！

香芹煮烏頭魚

材料：

烏頭魚一條，鹹酸菜約二兩，中國芹菜二棵，芫茜一棵。

調味：

鹽、胡椒粉適量。

做法：

① 烏頭魚去鱗及內臟，洗淨，蒸至半熟，取出，待用。

② 鹹酸菜切粗條、芹菜去葉切段，芫茜切段。

③ 燒熱少許油略炒鹹酸菜，放入清水或上湯約二至三杯，略滾煮片刻，使鹹酸菜出味。

④ 將烏頭魚放入，小火煮至熟透。放入芹菜段及芫茜加入調味，即成。

註

可用邊爐鍋煮，原鍋上枱，也可用大湯碗。此為湯菜，但不是「湯」，故水份不宜過多。

Fragrant Grey Mullet

Ingredients

1 Grey Mullet

75g Pickled Mustard

2 Chinese Celery

1 Coriander

Seasoning

Salt and Pepper, to taste

Cooking Method

① Descale and remove offal from the grey mullet and wash thoroughly. Steam till half cooked, remove and set aside.

② Cut pickled mustard into thick strips. Remove leaves from the Chinese celery and cut into pieces. Section the coriander.

③ Heat a little oil in wok or pot, stir-fry the pickled mustard. Add 2-3 cups water or stock, boil for a while.

④ Add the grey mullet and simmer over low heat until cooked. Add Chinese celery, coriander and seasoning. Serve.

Tips

The dish can be served by pot or in a large bowl. Don't put too much water while cooking, since this is not really a soup.

鮮百合雪耳糖水

Lily Bulb and White Fungus Sweet Soup

材料：

雪耳一朵、鮮百合一至兩個，紅棗六至八粒，薑二片。

調味：

冰糖適量。

做法：

① 雪耳浸透除蒂，洗淨撕成小朵，汆水瀝乾，待用。
② 紅棗洗淨，略撕開放入適量清水，煮滾後用小火煮至紅棗出味。
③ 將雪耳放入滾煮片刻，至略軟，放入冰糖。
④ 鮮百合剝成瓣洗淨，放入上項材料中，待再度滾起，即成。

Ingredients

1 White Fungus
1-2 Fresh Lily Bulb
2 Ginger Slices
6-8 Red Dates

Seasoning

Some Rock Sugar

Cooking Method

① Soak the white fungus until soften. Remove and discard the hard stems at the base. Rinse well and tear into small pieces. Blanch in boiling water and drain.

② Wash the red dates and crack a little. Add into a pot of water and bring to a boil. Reduce to low heat and simmer until flavour of the dates permeated.

③ Add white fungus and cook until soften. Then add rock sugar.

④ Peel and wash the fresh lily bulb. Add into the sweet soup and bring to a boil. Serve.

Tips

鮮百合不宜久煮。雪耳有二種，一較「糯口」即質地軟，另一種比較硬，爽口，可選擇自己喜愛的。

Do not overcook fresh lily bulb. Two kinds of white fungus are available, one is soft and the other is more chewy.

鮮百合雪耳糖水 Lily Bulb and White Fungus Sweet Soup

我的兒女們

我有五個孩子，在我心中，他們都是我的寶貝。雖然他們現在都已長大成人，但在母親的心中，兒女永遠都是孩子。不過人總要面對現實，做人要理智及有智慧。我和成年的兒女們像朋友般，他們可以選擇自己喜愛的生活方式；如有事和我商量，我也會提供意見，由他們自己做決定。成年人要懂得承擔，這是我對他們的教育。

大兒子早已成家，他認為生活過得好，就可以了，我從沒有對他有任何要求。

二兒子是個勤力和負責的人，在上市公司任高職，被派駐內地二十多年；我幫二兒子照顧他兒子（我孫子）多年。我們母子親愛，無話不談，但對他的感情事，我也從不加意見。二兒子的工作很忙，我常取笑他乘飛機比我們坐地鐵還要多。無論他在何方，每晚必和我通電話報平安，這麼多年來通長途電話的費用，應該可以夠買一輛小汽車了。

我的大女兒是我的第三個孩子。可能是她早婚的關係，我和她之間好像不是很親密；也可能因為她一直在外國生活，養成了獨立的個性。她年紀輕輕，在外國要面對和適應許多新事物，沒有家人在身邊，想來實在不容易。對許多事情，我和她都會有不同的看法和感受，直到近年才有些一致。不過，我們心中都關愛對方，尤其是在她也成為母親之後。值得一提的是我的老外大女婿，我和他感情不錯，他能講很好的普通話，我會和他閒談中國人的禮儀、規矩等，也會淺談一些關於文化的話題。我不允許他對中國人不敬，所以當年他向女兒求婚時，我說一定要有婚禮，儀式簡單沒問題，同時一定要按照法律完婚。我跟他說，我們是禮儀之邦，婚姻大事不能隨便。直到如今，他都尊敬我。他和我女兒結婚至今已三十多年，有一子一女，過他們自己的日子。

我的二女兒是我第四個孩子，她在四歲時就說要做警察，結果後來真的如她所願。她曾在香港警隊工作二十多年，位至衝鋒隊警司。我們全家人都佩服她的勇敢和毅力，須知做警察實在是份辛勞、不易勝任的工作。做警察是她的夢想，她喜歡和享受，不以為苦。她常對我說，她是我的「兒子」，願意像兒子般照顧我，她的孝心和誠懇令我很感動。我和第二位女婿感情也很好。

我們這一代人都明白做父母責任，都懂得節儉過日子，更何況我喜歡自食其力，我認為只有花自己的錢才是舒服自在的，所以從來不會向兒女們要求錢銀。過年過節，他們要孝敬我便酌量收下，絕不會向他們要錢，這是我的尊嚴。我常和兒女們說笑：我給出去的沒有想過回報，如要回報，我就不給了。這是不使自己失望的最好方法。他們能孝順，是我的「紅利」（bonus）。四個大的孩子都各有自己家庭，各有自己的生活，我一般不理會他們的事情。如有要求，合理的就幫一把，否則還是叫他們自己處理。我是一個會說「不」的人，也不會囉唆。

寶兒是我最小的孩子，即是老五。她長期和我相處，一起生活。在她小時候，兒女之中以照顧她最多，因為她患哮喘，天氣一轉變就發病，是很苦的一件事。當她發病時，醫生的幫忙也不大，我教她要讓自己平靜、忍耐，吃藥後便唸數目使自己心靜入睡，這就可減輕呼吸困難。我告訴她，我寧願替代她生病，但做不到。她相信我愛她。想不到這個應付疾病的方法訓練她長大後也學會忍耐和堅毅，有鬥志，不屈服，而且有平

寶兒是我最小的孩子，我們是知己朋友，也是工作好拍檔。

靜理智的思維。她上大學後，在我的工作上給我很大的幫助，她因為學科的關係更了解我工作的性質。很多人看到我的歡笑，但只有她還看到我的無奈、委屈和流淚。我和寶兒不僅是兩母女，更是知己朋友、工作上的好拍檔。

多年前，寶兒去了內地工作。每次我去探望她，在我要返回香港時，她都來送機。每次送機時，她必流淚。她哥哥總說她傻，哭甚麼？有一次，她發怒對哥哥說：「我和你不同，我捨不下我媽媽！」使我在飛機上也忍不住流淚。如今寶兒回來香港，和我相依為命，她照顧我的一切。她為我放棄很多，可能她想及我已進入老邁之年，而兄姐們各有家庭，所以她就擔當起陪伴和照顧母親的責任。我享受和寶兒共處的時刻，我們既有母女的親情，也有朋友般無話不談的豪情，更有像工作夥伴般共同議事的無私之情。我很感恩上天賜給我這個小女兒。

五個孩子各有不同的性格，說句老話，就像手指雖有長短，但咬時都一般痛。現在我的責任已盡，其他的就靠他們自己了。最使我安慰的，是他們五兄妹相親相愛，互相關照。這是我為他們感到驕傲的事，衷心祈求上天賜福他們，我想這是每個母親的心願吧！

一老一少

小兒子和媳婦因為感情和工作的關係，分隔兩地，只能將他們的獨子交給我照料。我曾對兒女們説，我在沒有錢也沒有人幫忙的情形下，好不容易把他們五兄妹帶大，已經完成任務，所以不會再為其照顧下一代。可是，當兒子請求我幫他一個忙時，還是拒絕不了。他説，總不能帶着孩子上班，若孩子放在我處由我照料，是他們最放心的，只有這樣才能安心工作……那我還有甚麼話好説，恰巧那時我離開電視台，只做些自己可以控制時間的工作，比以往較輕鬆，就答應了。

那時小孫兒祖兒快將七歲，為了方便照顧，就讓他和我同住。他唸小學二年級，每天早上要乘整整一個小時的校車才到達在香港仔的學校，因為太早起床，沒法吃得下早餐。我耐心地告訴他不吃早餐的害處，並讓他拿着在校車上慢慢吃，能吃多少就多少，不勉強，慢慢他也就習慣了。我又教導他一定要有固定的時間去大便，這是非常重要且每天都一定要做的事，要養成良好習慣。我要他有規律的生活，漸漸他就學會了。晚上臨睡前，我會陪他在床上讀故事至入眠。

我告訴祖兒，我不是他的母親，但是我做了許多母親做的事。祖兒說，他明白我是祖母，他是有母親的，並即時問我，他父母是怎樣相識的？他們是相愛嗎？為甚麼他們現在不相愛，要分開呢？我告訴他，因為兩個不同的人要生活在一起是不容易的，各有不同的成長環境，不同的價值觀和不同的生活習慣，這些都會有問題。還沒結婚時，彼此見面只是拍拖逛街，例如一起飲茶、吃飯，一起玩樂，全是遊戲般，總是開心的一面，到了真正一起生活就不同了。「將來你長大便會明白。」我又說：「不過，你父母做了一件非常好的事，就是把你帶來這個世界！你帶給家人欣喜快樂，而你也得到大家的疼愛。你父母及姑姐們都各有家庭或工作，所以，嫲嫲我很需要有人照顧和陪伴，你現在來和我同住，真是太好了！」祖兒聽後，就對我說：「嫲嫲，我會照顧你和陪伴你。」這就是我和祖兒的開始。我讓他感覺到他很重要，而且也有任務，並且知道我深愛他。

我從沒有在祖兒面前批評或討論他父母的對與錯，當他問我可有愛他的母親，我肯定的告訴他，我當然愛他的母親，並對他說，他長大後要孝順母親、照顧母親，她是一個善良的女人；同樣，他也要尊重和孝順父親，因為父親不但勤力工作，更是愛他和一個負責任的人。此外，我也做到和我以前的媳婦保持良好、親愛的關係，她曾問我能否像以前一般叫我「媽媽」，我說當然可以。我的見解是，別在孩子面前批評他們父母的不是，這會傷害小孩的自尊心和感情，大人的事大人自己處理，不要把孩子牽涉進去，因為父母是他們最親的人。

祖兒和我生活，我除了照顧他的飲食起居和讀書之外，還會教導他生活知識，並讓他建立正確的觀念，這是很重要的。我們的下一代，比我們年輕時要富足多了，他們的下一代更不知生活艱難，不會有我們這一代挨苦挨窮的韌力。我們當然希望一代比一代強，子孫都生活幸福，但有些事也必須讓後輩明白。我常打趣說：「如要做二世祖，還要看清楚是否有個二世祖的父親。」

記得有一次，祖兒要買運動鞋，我帶他到九龍城一間小店去購買，店員叫他坐在一張小板櫈上試穿鞋子。事後，他很不是味兒地對我說：「嫲嫲，我們為甚麼要去這種小店買鞋？試鞋都是坐小板櫈，連沙發也沒有。」我聽後便平靜地對祖兒說：「因為這間小店有歷史，你父親、叔叔、姑姑們小時候都在這店買鞋，鞋子結實，而且因為是小店，所以賣的鞋比其他店都便宜。我們是來購物，不是來喝下午茶，是否坐沙發並不重要。嫲嫲是平實的人，講實際，不喜歡花巧，如果不是這樣生活，怎能養大你父親及姑姐們呢？他們都受好的教育，一家人努力勤儉，才能有今天的好日子。我們的日常生活就是這樣。」在循循善誘下，祖兒從少到大很明理，也很踏實，使我感到欣慰。

祖兒跟着我生活，我很擔心他長期和我相處會變得女性化，缺乏男子氣概，所以鼓勵他多交朋友。除鄰家孩子們都是我們的常客外，他的同學們也常來吃飯，假期時更會在我家玩至深夜，甚至留宿。我認識他的同學和朋友，因為只有這樣我才會知道他和哪些人結交。祖兒中學入讀的是國際學校，有些同學家境富有，但你會發現他們的父母可能太忙，把他們送去學校就少加理會了。記得那時候，有些來我家與祖兒玩耍的青年都不太懂禮貌和規矩，例如進屋不會和屋主人打招呼，只逕直往房間走。遇到這情形，我必把這些青年喊停，對他們說：「入屋要叫人，入廟要拜神。」他們卻問我：「該怎樣稱呼你呢？」我說：「你們是祖兒的同學、朋友，當然跟祖兒一樣叫我『嫲嫲』了。」從此他們學會了「入屋叫人」，我也就變成眾人的「嫲嫲」了。

很多年輕父母會盡量給兒女物質，其實，孩子們在成長中最需要的是和父母相處及得到父母的教導，父母要付出耐心和時間。可惜時代不同，父母往往同要為工作而付出大部份時間和精力，要努力賺錢養家，結果是物質生活好了，但精神生活匱乏，我無法說對錯。祖兒可說比較幸運，他恰在這個時候跟我同住，如果，是在我年輕時也未必是好事。如今因為我老了，經歷兒女們由少至大的相處，令我對事物有不同的理解，處理事情的方式也比年輕時成熟了。此外，經濟、環境等都不同往日。加上我雖然做了母親應做的事，但身份卻是祖母，這是很重要的一環，我因此能理智地用第三者的身份和角度去觀察和諒解小孫兒。

祖兒是新加坡公民，年屆十八歲便要服兵役兩年。在他十四歲時，我便開始和他談關於服兵役的事，向他表示作為公民能有機會服兵役是光榮的事，是男孩子長大成為真正的男人的一個過程，讓他有心理準備。當祖兒十八歲時本應上大學，可以在唸完大學再服役，但祖兒選擇先當兵，兩年後再上大學，雖然這樣會比同屆的同學遲畢業，但畢業後便不必為服役而中斷工作。因此，祖兒十八歲時返回新加坡入伍。

新兵受訓的營地是離開新加坡市區的一個小島，要先乘車再坐船才能到達。在祖兒入伍當天，我和他父母及他外祖父母同送他入軍營。家長們都獲得招待，並在軍營和這些新兵共進午餐，他們的午餐以營養充足為主，有水果、魚、紅肉和雞，可任選一種。新加坡是多民族的國家，印度人很多是素食者，馬來人信奉回教而不吃豬肉，都要安排得很妥當。首兩個星期是不准回家的，只可在晚上和家長通電話報平安。我們都很牽掛祖兒，每晚等待他的電話。在電話中，他很平靜的向我們報告一切安好，只是在洗衣服時，發現冒出很多泡沫，總是沖洗不清——原來他因為衣服太多泥漬，洗不乾淨，於是用了太多洗衣粉。我們除了教導外，更感心疼，但也沒有辦法。直到他每星期可回來一次，可帶髒衣服回家洗，才解決問題，不過這時候，祖兒說已學會洗衣服了。祖兒回來時，常說起某些同學被罰的事，我們問他自己可有被罰？他說：「其實我星期六不回家時，就是在受罰了，只是沒有提起，免得你們心疼。不過，每被罰一次，就學會一些事，也沒所謂了，且也不會重蹈覆轍。」做錯事而受罰是應該的，受罰而學會一些事，下次就不會錯了。

兩年的軍訓就這樣度過。我曾問祖兒，受軍訓是好，還是不好？他說：「有些人覺得是受苦受罪，當然日子難過；但其實在受訓期間，有機會學到很多知識，例如對於槍械及其他武器的使用方法，這都是學校不會教導的；還有體能的操練，學習守紀律、盡責，學習領導、服從，學會克服困難等。要懂得保家衛國，明白居安思危的重要。」他又說：「在野外受訓時，三、四天裏都在荒山野嶺，吃乾糧度日，在食物不足時，就學會對糧食的珍惜，更不會挑揀食物了。曾有一次跌進河中，以致全身濕透而且沾滿泥濘，也只能等太陽曬乾，讓泥巴乾後自然從身上掉落……如果被你們看見，一定會心疼。」我和祖兒都同意，其實這種經歷是可貴的，是長大後美好的回憶。

祖兒完成軍訓後，我們感覺他成熟了。他很少談及受訓的情形，只在一次陪我去商業電台接受訪問時，節目主持人知道我這小孫兒曾在新加坡受過軍訓，表示很感興趣，想訪問他。小孫兒接受了邀請，願意和香港的青年朋友們分享他受訓的經歷。我們聽了訪問後才明白他受訓的一些情形，其中許多艱苦他從來未曾向我們透露。

雖然我很疼愛小孫兒，和他共同生活十多年，但我從不驕縱他，也不囉唆他。我們無話不談，彼此像朋友一般。但在某些時刻，我還是會用祖母身份對待他，例如對於我說的話，他一定要遵從。他信任我，並相信我是一個有智慧的人，有事都會和我商量。說來挺奇怪的是，他從小就是美食家，很懂得吃。在他大約五、六歲時，看到我們大人吃大閘蟹，就說要吃，當教他吃時很快便學會，並似模似樣地說大閘蟹一定要配合鎮江醋，還說嫲嫲調配的最好味呢！

祖兒喜歡甜酸味的菜，他喜歡我煮的原汁煲仔小排骨和椰汁咖喱雞，還有我煮的各式湯類。他的外祖母煮得一手好越南菜，祖兒每次回新加坡探親時，婆婆一定煮很多越南菜給他吃，想不到他居然學會做越南蝦卷還來教我。只是，他做菜的派頭很大，除了要我做助手外，還要家傭幫

小孫兒很喜歡我做的菜，
也很有烹飪天份。

忙，甚至指定用某一個牌子的調味料。不過，做出來又確是似模似樣。祖兒敏於味道，很能辨別食物的味道是否相配合。聽他說，在美國唸書時，同學們也讚他的手藝。

記得在祖兒大約十歲左右時，天真可愛，每晚臨睡必親吻我道晚安，有一次我對他說：「祖兒，我真不捨得你長大啊！」他聽後很生氣地說：「嫲嫲你真自私！為了我『好玩』，就不想我長大！」小孫兒不明白，人長大後要面對的事太多了，也許這就是人生，或者這樣才有趣？我懷念和祖兒共處的日子，我只能衷心祝福祖兒平安、健康和如意！

原汁煲仔小排骨

Pork Cartilage Casserole

材料：

軟骨肉排十至十二両，乾葱片二粒，薑二片，葱段少許。

調味：

鎮江醋二湯匙、酒半湯匙、糖半湯匙、老抽、生抽各 1½ 湯匙，水約 ⅓ 杯。

做法：

① 排骨斬成吋餘長段，洗淨瀝乾水份。

② 在煲仔中放入油一湯匙，爆香乾葱片，放入排骨略炒匀，放入薑片。

③ 將調味混合倒入拌匀，用小火炆煮至材料熟，汁收乾，即可原煲上枱供食。

Ingredients

380-450g Pork Cartilage

2 Cloves of Shallot, sliced

2 Ginger Slices

Green Onion, sectioned

Seasoning

2 tbsp. Zhenjiang Vinegar

½ tbsp. Wine

½ tbsp. Sugar

1½ tbsp. Dark Soy Sauce

1½ tbsp. Light Soy Sauce

⅓ cup Water

Cooking Method

① Cut Pork cartilage into 3cm pieces. Wash and drain.

② Heat 1 tablespoon oil in casserole, sauté shallot slices until fragrant. Add Pork cartilage pieces and stir-fry for a while. Add ginger slices.

③ Add seasoning and stir well, simmer over low heat until the ingredients are cooked and sauce absorbed. Serve in casserole.

Tips

如喜酸味可將醋份量增加，以適合個人口味為準。

More vinegar can be added to taste.

原汁煲仔小排骨 Pork Cartilage Casserole

椰汁咖喱雞

Coconut Curry Chicken

材料：

光雞半隻、甘筍半隻、薯仔一個、洋葱一個，蒜頭、乾葱各二粒（剁碎），咖喱粉約二湯匙，椰汁半杯。

調味：

鹽約半茶匙、生抽少許，水約 ¾ 杯。

做法：

① 雞洗淨斬成塊狀，用少許生抽、酒略醃待用。

② 薯仔、甘筍同去皮切成塊狀，洋葱去皮切大塊。

③ 燒熱油約二湯匙爆香蒜蓉、乾葱蓉，雞件、咖喱粉同炒勻，放入調味、水份，轉放入煲仔，並放入甘筍同煮。

④ 薯仔略炸、洋葱略爆香，同加入上項材料中，炆煮至材料熟，試味後，加入椰汁即成。

Ingredients

½ Whole Chicken
½ Carrot
1 Potato
1 Onion
2 Cloves of Garlic, chopped
2 Cloves of Shallot, chopped
2 tbsp. Curry Powder
½ cup Coconut Milk

Seasoning

½ tsp. Salt
Light Soy Sauce, to taste
¾ cup Water

Cooking Method

① Cut the chicken into pieces. Combine the chicken with a little light soy sauce and wine. Set aside to marinate for a while.

② Peel the potato and carrot and cut them into chunks. Skin the onion and cut into large pieces.

③ Heat 2 tablespoons oil in a wok, add the chopped garlic and shallot and sauté until fragrant. Add the chicken pieces and curry powder and stir well. Add seasoning and water. Transfer all ingredients into a small saucepan. Add the carrot pieces.

④ Deep-fry the potato pieces briefly. Sauté the onion until fragrant. Add both into the saucepan and simmer over low heat until the chicken is well-done. Season with salt if needed. Stir in coconut milk and serve.

Tips

雞本身含水份，不用一次放太多水。

As the chicken will release moisture, please do not put too much water at one time.

椰汁咖喱雞 Coconut Curry Chicken

我家的菲傭姐姐

據報道，有為數十多萬的菲律賓、印尼等國的女性來香港做家庭傭工，其中以菲籍女傭佔較多數。香港不少家庭的男女主人都出外工作，家中孩子和老人家就全靠這些外傭照顧。賓主之間相處也會有許多問題發生，甚至有人說，聘得好的外傭簡直就是中六合彩。

我家現在的菲傭姐姐在我家服務已將近十年，我們是怎樣相處的呢？首先，我用人的態度是疑人莫用，用人便莫疑；另一方面，她來我家同樣要守我的規矩。我在見面的首天便告訴她：不能隨意拿去我家的東西（我不說「偷」），並跟她說：我很清楚家中的所有物件；這是我的家，我習慣放點零錢在桌上或鋼琴上，但清楚數目（讓她明白我不是糊塗人）。我會另外給她保管二、三百元，以備我外出時，如有需要，她可代付款或作為購買雜物之用，還教會她記賬。食物方面，我吃的都會分她一份；她生病了，我會讓她休息。

記得去年，她患了婦科病需要做手術。本來我只需給她機票讓她返菲律賓醫治，不用為她勞心勞力，但是菲傭姐姐哭着對我說，如果我遣她回鄉，她一定會沒命了，因為當地的醫療條件並不完善。結果，我和小女寶兒安排她在某醫院做了手術。她在出院返回我家後整個月臥床休養，其間都是我做飯給她吃；有朋友知道後，說我是自找辛苦。她出院後頭半個月不能做任何家務，後半個月也只是做輕便的家務，但我並沒有扣她的薪金。我用真心善意幫助她、對待她，至於她是否明白，我並不放在心上，更不想她報恩。我們的關係就是這般。

菲傭姐姐與我同住一屋，試想，與一個不同國籍、教育程度和生活習慣的人相處，怎會很快就全稱自己意呢？慢慢耐心教導，才是良方。這些由菲律賓來香港的女傭，其實大多來自鄉村，初出來工作，有些連馬尼拉都不曾去過，所以不懂用電飯煲、洗衣機，但又怎能對他們有要求？我曾僱用一位年輕的菲籍女傭，她只有廿餘歲，唸過大學，曾在馬尼拉一家外國公司任職秘書，月薪只有港幣三百餘元，為了方便上班而搬到馬尼拉居住，卻入不敷支，不夠錢養家，結果終於放棄了秘書工作，改為來港做女傭。每次我在家中請客，她都會替我把家中佈置得很好；接聽電話也能清楚對答，並為我記下對方信息。那時，很多客戶都笑我請了一位優秀秘書。最後這「秘書」去了加拿大工作，還入了加籍，改變了自己及家人的生活，由此可見一個人讀書和接受教育的重要。

現在我家的菲傭姐姐並不聰明，也有些懶，但她是天主教徒，不會隨意取物為己有；而且她熟悉我家中每個成員，如他們在外地工作而致電回家，她會清楚向我報告，這對我已足夠了。做清潔，例如洗熨，是菲傭的基本功，至於煮食方面，當然不能太有要求。

我教導她一些簡單基本的烹飪方法，但從不要求她跟我學習，只告訴她：「我是個別教授烹飪，收費不便宜，因為一定要讓對方學會。」又說：「如果你可以學到是你的本領，我無法向你收學費。」如今，她做簡單的宴客菜式已應付裕如，且有「看家菜」——豉油雞、燻魚和梅菜炆排骨等，而其他的家常菜，以至煲湯都難不倒她；每次我們大家都會稱讚她，我想這是最大的鼓勵。

菲傭一般對生活要求簡單，溫飽就夠了，所以甚至不知道在菲律賓也有些著名的家常菜。香港有間以菲律賓菜為號召的小餐館，我曾帶菲傭同去試菜。她也不太明白，只說「阿多寶」是菲律賓普通且受歡迎的煮法。如今「阿多寶雞翼」就成為我們家中常有的菜，味道帶甜酸並有鮮檸香味，是我小孫兒喜歡的菜式之一。

小知識

阿多寶（Adobo）

又稱阿多波，是菲律賓很普遍的家常菜。以雞肉、豬肉加入香醋醃漬，放在以大蒜、醬油與其他調味調成的鹵汁料中慢燉，淋在白飯上食用。由於醃漬的主要調味料為醋，故不易腐壞，且非常入味。

阿多寶雞翼

既然菲傭是我們家中的助手，相處融洽是很重要的。我對待她們是用友善、關懷的態度，同時教導她們要明白自己的責任，我付錢、你付勞力，是公平交易，應互相尊重。我想，我們總比她們幸運，不須離鄉背井在外工作。大家以心相待，一切就簡化了。我的兩位工作助手也都跟隨我超過二十年。人豈有完美，「拉上補下」，互相尊重，有原則的相處，一切都可開心些、順利些。

阿多寶雞翼是一款開胃的菜，喜歡的話，可改做雞塊或大蝦，簡單易學。此外，菲律賓有一款煎茄子也是不錯的，可惜他們是墨守成規的人，他們的方法是先用炭火將茄子焙軟，再沾上麵漿用油煎，需要的時間與工夫都多了。我改將茄子切厚片，先用少許鹽略醃，使茄子略軟，吸乾水份後沾上蛋液、撲少許乾粉，用少許油半煎炸，效果很好，無論味道和賣相都比他們傳統做法更好；因此，菲傭姐姐很佩服我的改良。

來港工作的菲傭大多數是來自鄉下貧苦家庭，不會有太多見識，這也是其可憐之處。我有幾位朋友是菲律賓華僑，據他們說，有錢的華僑大多數在馬尼拉居住，他們也會請菲律賓女性或男性做家居服務，不過，這些家傭負責開門就只做開門工作，打掃只管打掃，司機則只負責車的清潔和駕車，不像香港的菲籍家傭全部家務「一腳踢」，能來香港工作的已經算是很本事了。所以除耐心教導外，只能看開些吧。

豉油雞

Soy Sauce Chicken

材料：

冰鮮雞一隻，薑片、葱段各少許，乾葱二粒，花椒一茶匙，八角三粒，水約 1 ⅓杯。

調味：

老抽 ¾ 杯，生抽半杯，片糖 ¾ 塊，玫瑰露酒約一茶匙，鹽少許。

做法：

① 用少許油爆香薑片、葱段、乾葱，放入清水及調味在煲中，再放入花椒、八角，用小火煮至滾起，可試味及調味至適中。即成豉油材料。

② 雞內外洗淨，用少許酒略醃後汆水至三成熟，撈出用凍水沖淨瀝乾，再放入豉油汁料中，用中小火煮，須不停反轉至熟，可在豉油汁中略焗片刻，熄火後取出略凍，斬件上碟。

Ingredients

1 Chilled Whole Chicken
Ginger Slices
Green Onion Sections
2 Cloves of Shallot
1 tsp. Sichuan Pepper
3 Star Anise
1 ⅓ cup Water

Seasoning

¾ cup Dark Soy Sauce
½ cup Light Soy Sauce
¾ Slab Sugar
1 tsp. Chinese Rose Wine
Salt, to taste

Cooking Method

① For Soy Sauce: Heat a little oil in a large pot, sauté ginger slices, green onion and shallot until fragrant. Add water and seasoning, Sichuan pepper and star anises. Cook over low heat and bring to a boil. Taste and season with salt.

② Wash the chicken inside and out. Marinate with a little wine. Blanch the chicken in boiling water until 30% cooked. Rinse under cold running water. Drain to dry. Put the chicken into the soy sauce (prepared in step 1), simmer over low heat. Turn the chicken over and over until cooked. Turn off the heat and keep the chicken in sauce. Remove and chop into small pieces before serve.

Tips

豉油汁冷後盛入大口玻璃樽中，放雪櫃可再用。此為最簡單做法，也是我家賓姐的拿手菜。此外，用冰鮮雞絕無雪味，不妨一試。

Put the remained soy sauce in a jar and keep in fridge for further use.

This is the easiest way to make soy sauce chicken. It is the signature dish of my domestic helper.

The cooking method shown here is a good way to get rid of the smell of chilled chicken.

鼓油雞 Soy Sauce Chicken

阿多寶雞翼

Filipino Chicken Wings Adobo

材料：

雞中翼六隻、檸檬一個，薑二片，乾葱二粒切片。

調味：

生抽約 1½ 湯匙，片糖 ¾ 塊，鹽少許。

做法：

① 雞翼洗淨吸乾水份，用少許生抽、胡椒粉略醃片刻，用少許油煎至微黃，加入薑片、乾葱片，灒酒少許。加入水約 ¾ 杯煮至滾起。

② 檸檬榨汁留用，皮連肉切成大塊，放入雞翼中同炆煮並加入半份檸汁。

③ 放入調味，改用中火炆煮至汁濃，試味後，再放入剩餘檸汁即成。

Ingredients

6 Chicken Mid-joint Wings

1 Lemon

2 Ginger Slices

2 Cloves of Shallot, sliced

Seasoning

1½ tbsp. Light Soy Sauce

¾ Slab Sugar

Salt, to taste

Cooking Method

① Wash chicken wings and pat dry. Marinate with light soy sauce and pepper. Heat oil in a frying pan, brown the chicken wings on both sides. Add the ginger and shallot slices and sprinkle wine. Add ¾ cup water and bring to a boil.

② Squeeze juice from lemon, set aside. Cut the lemon with skin into large pieces and cook with the chicken wings. Add half of the lemon juice to the pan.

③ Add the seasoning, simmer the chicken wings over medium heat until the sauce thickened. Taste and pour in the remaining lemon juice.

Tips

每人嗜酸的口味各有不同，故可於試味後加減份量，也可加入黑椒粒少許。菲籍人士嗜酸味菜式，但此為改良版。

Everybody has different tastes, so adjust the amount of lemon juice after tasting the dish. You may add some black pepper too.

阿多寶雞翼 Filipino Chicken Wings Adobo

兩地湯水

當年倪匡、黃霑和蔡瀾三位朋友所主持的電視節目《今夜不設防》①風靡一時，不知大家還記不記得呢？他們在電視台錄影節目的時間是在晚上，我錄影烹飪節目的時間也是在晚上，更巧的是大家在隔壁錄影廠，所以在小休時，大家會碰面並閒聊。錄完節目後，倪匡這老頑童偶爾也會來嚐一下我錄影時做的菜餚。有一次他對我說，應該在節目裏介紹煲湯。我對他說：「如果介紹煲湯，你很快就見不到我了！」倪匡先生很訝異，問道：「為甚麼？」我對他說：「廣府人很注重煲湯，更各有自己的『拿手湯』。再說，在節目中介紹煲湯，既無手藝也無特別的創意，老闆很快就會把我『炒了』（即辭退之意）。」他說：「那倒是真話，也許會吧。不過，廣東人的湯真是一點也不好味，加入蜜棗、無花果使湯變成有甜味，怎麼成湯？此外，清水面上飄幾片菜葉就叫滾湯，真是莫名其妙！我們上海人的湯就不同了。」我問他：「你認為哪些湯好喝？」他如數家珍地說道：「滾湯有雪裏紅（即雪菜）豆瓣湯、榨菜肉片湯、酸辣蛋花湯等；老火湯有火腿雞湯、大豆芽

①《今夜不設防》是亞洲電視在一九八九年至一九九零年間推出的成人清談節目，由黃霑、倪匡及蔡瀾三人聯合主持，每星期五晚上於深夜時段播出，大膽討論性與愛相關話題，當年引起很大回響。

豬骨番茄湯、牛肉燉湯、黃豆豬腳湯及各式砂鍋湯……等。」倪匡先生久居上海，當然有他不錯的口味。其實，飲食和一個地方的氣候、地理都有很大的關聯，上海及其他內地城市是四季分明的氣候，夏天酷熱難當，湯水以清淡開胃、能送飯為主；秋冬乾燥嚴寒，湯水以營養豐富、能禦寒為要。「各處鄉村各處例」，本來沒有一定標準，挑選自己喜愛的就是。

我十多歲來香港，到結婚有了自己的家和子女，日子久了，有些飲食習慣也學了廣府人，例如廣東湯之中的西洋菜湯，青紅蘿蔔湯，枸杞滾豬膶瘦肉湯，金銀菜豬腱（即豬腲）湯等，都是孩子們喜歡的湯。不過，我不會加入蜜棗使成為甜湯，只是用了廣府人慣用的材料，略加略減調校成為合自己口味的湯水。近年社會富裕，各式美食都變成家常便飯，但不良的飲食習慣令不少

廣東人自有「拿手湯」，所以我少在節目中介紹煲湯。

人有「三高」（高血脂、高血壓、高血糖）問題，因此有醫生建議，不要喝太多老火湯，以免吃下太多油脂和鹽份。飲食還是清淡些好，更不需用太多食材。

關於湯水，倪匡先生也說了這笑話：「廣東人視喝湯為大事，母親或太太預早準備和留着湯水，待兒女、丈夫放工回家，便緊張地叫他們喝湯，這在我們外省人眼中真是不可思議！『湯』只有在吃飯時才享用，也沒有甚麼大不了嘛。吃些點心倒是常有的事。」我想，大概是生活方式不同吧。不過我對於用藥材加入肉類或魚類同煲是很抗拒及不同意的，因為隨便加入藥材煲湯有危險性，多年前曾有關於全家因此中毒的新聞報道，所以一定要謹慎。

「上海人」只是統稱，當然一樣有富裕與普通家庭之分。富裕家庭對湯類當然講究，材料豐富，除魚翅、燕窩湯之外，也會用魚唇、海參等貴價食材烹調成湯；還有就是羹類，黃魚羹是當年普通貨式之中卻能一顯手藝的羹湯。近年已少見新鮮黃魚（即黃花魚）出售，所以也難嚐黃魚羹了。我家每天必煮湯，例如蓮藕鱆魚湯、蘿蔔鯽魚湯、西洋菜湯等。多年前，我們同時養有四隻貓，只有一隻是公貓，名叫「安東尼」。一次，小女兒寶兒喝剩一些湯，牠竟搶着喝了且津津有味的，此後我們每次喝湯都給牠一些。但安東尼只喜歡老火湯，且要有肉味的，我們讚牠是有品味的紳士貓。

上文倪匡先生所說的雪裏紅豆瓣湯，平價而好味，是上海人的家常湯水。材料是用乾蠶豆浸水發芽，叫做發芽豆（蠶豆發芽可食，不同薯仔），本來上海南貨店有出售，但近年已絕跡市場，因為浸豆發芽要做很多工夫，又賣不起價錢，所以如果想吃這些家鄉菜便要自己浸豆了。在此我也為大家介紹雪裏紅豆瓣湯的做法，如你有興趣不妨一試。這湯既無膽固醇，也無肥脂，可說是健康湯水。煲湯在烹調中應該可說沒有特別手藝的，但材料的處理，先後放入的次序和時間，以及火候的掌控，都是學問和經驗，願大家煮出美味的湯，帶給家人口福及愛！

雪裏紅豆瓣湯

Pickled Mustard and Broad Bean Soup

材料：

青色雪菜約二両，水浸蠶豆四両。

調味：

麻油少許。

做法：

① 水浸蠶豆洗淨除外殼用清水煮腍後，瀝去水份，待用。

② 雪菜洗淨，除去部份菜葉切成小粒，再用清水洗一次揸乾（可減少鹹味）。

③ 燒熱約半湯匙油將雪菜略炒，注入適量水份（約一大湯碗滿），煮至滾起，放入去殼蠶豆煮片刻，放入調味少許即成。

Ingredients

75g Light Pickled Mustard

150g Broad Bean, soaked

Seasoning

Sesame Oil, to taste

Cooking Method

① Wash the soaked broad bean and remove the skin. Add water to cook until soften, drain.

② Wash the pickled mustard, remove part of the leaves and chop. To reduce the saltiness, wash the pickled mustard again with running water and squeeze to dry.

③ Heat about ½ tablespoon oil in a pan to fry the pickled potherb mustard, add about 1 bowl of water and bring to a boil. Add broad bean and cook for a while. Add seasoning and serve.

Tips

此是上海人的家常滾湯，適合炎熱夏天，令人開胃，少油、無肉，也可稱是現代的健康食譜。可惜水浸蠶豆難買，因賣不起價，可用乾蠶豆自浸。蠶豆營養價值高，倪匡先生甚喜此湯，多次叫我在電視介紹，我不敢，怕港人不接受。我們家中倒常煮。

This a common soup for Shanghainese family. It can increase appetite in hot summer. With less grease and no meat, this soup is a healthy recipe. Broad bean is a nutritional food. But it is not easy to buy soaked broad bean in Hong Kong, so we have to soak the beans at home. Mr. Nie Kuang, a famous novelist, is fond of this soup and ask me to introduce this soup in my TV program. I did not as I fear Hong Kong viewers may not like the flavour.

雪裏紅豆瓣湯 Pickled Mustard and Broad Bean Soup

香茜黃魚羹

材料：

急凍黃花魚一條，約重十二両，蛋白二隻，芫茜一棵，火腿蓉少許，薑二片。

調味：

鹽、胡椒各適量。

做法：

① 魚解凍劏洗乾淨，放入酒少許，薑片放面，隔水蒸熟，拆出魚肉棄骨，待用。

② 燒熱鑊放入油少許，濳酒少許，加入約3/4湯碗水份或上湯，煮至滾起，放入魚肉，待再度滾起，加入適量生粉水成羹狀，放入調味，熄火。

③ 將蛋白加入拌勻，灑入芫茜碎、火腿蓉即可趁熱供食。

註

街市甚少黃花魚出售，超市急凍的不錯，可紅燒或做羹，不妨一試。

Yellow Croaker Soup

Ingredients

1 Frozen Yellow Croaker, approx. 450g

1 Coriander

2 Egg White

Chinese Ham, fine chopped

Seasoning

Salt and Pepper, to taste

Cooking Method

① Thaw the fish, descale and remove offal, wash and pat dry. Drizzle in some wine, top with ginger slices, steam until cooked. Debone the fish.

② Heat oil in a wok, sprinkle some wine, add about 3/4 bowl water or stock and bring to a boil. Add fish flesh and bring to a boil again. Add constarch water to thicken the soup. Season with salt and pepper. Remove from heat.

③ Stir in egg white. Sprinkle chopped coriander and Chinese ham on top. Serve.

Tips

Yellow Croakers are rareley seen in wet market now. You can buy frozen yellow Croakers in supermarkets, they are good for red-braising or making soup.

我的左右手

我以往工作時曾經有多位助手，她們都是我的好「拍檔」。協助我做烹飪工作的先後有兩位：煥姐與燕姐。煥姐和我相處十年有餘，還記得她來見工時，我對她說，工作會辛苦的，有時更需要跟我去外地公幹十日至兩星期不等。她回答我，只要人工好，辛苦不是問題，因為她丈夫是做貨車司機的，但她希望兒女都能上大學，為了減輕丈夫的經濟重擔才出來工作。我當時工作量多，分身乏術，在錄影烹飪節目時，有很多事前的準備工作，所以一個好的助手不能缺少。不過在我不需錄影及為雜誌拍相片時，她便不用上班。

我對錢的觀念是：「該拿的不能少」，但是「錢不是一個人賺的」。同時，我更是一個「窮自己，絕不窮他人」的人，這是和我合作過的人都知道的。我給煥姐的薪金是她想像不到的高，而且出埠時更會增加一些，所以她十分高興，很勤力工作，更懂得照顧我。她說，很高興上了我這艘船，且是郵輪！我們同去新加坡做錄影工作，坐飛機同坐商務客位，令她前所未有的興奮和快樂。在新加坡工作的首三天，我需要與監製、客戶們開會商討關於節目的事項，於是我請酒店為她安排當地的旅遊團，讓她自己去玩；她可在酒店進餐，我教會她簽賬時寫上房號，賬單全由我負責。所以，她去過新加坡很多著名的公園、

煥姐是協助我做烹飪節目的第一位助手

名勝等地，直到我開工錄影才是她忙的時候。

她很「醒目」（伶俐）、聰明，能協助解決一些小問題。猶記得某年適逢新加坡國慶紀念日，錄影完成後要參加慶祝晚宴，我不大想去，只想早些回酒店休息。煥姐說，這麼有紀念意義的國宴怎能不去——原來她早就知道，還帶了「飲衫」以便打扮漂亮的出席。她對我的導演說，她會等李顯龍先生（那時還是李光耀的時代）上台頒獎走過時，快速走在他旁邊，叫我的導演為她拍一張「快相」。所以，她有一張和李顯龍先生（現在是新加坡總理了）的合照。

煥姐是一位聰明而行事利落的人，她給我很多幫忙，使我減少很多煩心的事。但是她對於烹飪絕無興趣，在家中煮飯只因必須要做，也只是平淡的家常菜，不會另做特別食品。當然，她也欣賞可口美味的食物。在香港錄影時，我們吃的是飯盒，但如在外地，當工作完成後，我們晚上一定吃最好的。品嚐當地美食是煥姐感到開心的事。

我和煥姐共事約有十年，直到她丈夫患病需要她照顧，她才辭工。現在，她的大兒子已考獲專業會計師牌，女兒師範畢業後在政府工作，另外兩個兒子大學畢業後都有好工作，全都達到她和丈夫的心願。多年來我們保持來往，她説跟我工作是她最快樂的日子，她還記得我愛吃榴槤。記得有一次在新加坡工作，她竟然偷運榴槤至酒店，想用來孝敬我，結果當然被酒店充公了。她表示很緬懷生命中既辛苦又快樂的那段日子，我同樣也難忘那段艱辛拼搏的歲月。我由一個電視台新面孔至被觀眾認同，節目受歡迎，更開創我在東南亞的事業，當中苦樂參半，記憶猶新。煥姐是我開始接受新加坡電視台邀請而做烹飪節目的第一位助手，我感謝她對我的照顧和在工作上的幫忙。煥姐常説自己沒有讀過書，但是因為她的堅毅和對孩子們的管教，加上孩子們肯努力向上，終於改變了命運，能過較好的生活。我向煥姐致敬：你是我的好助手、好朋友！

我的第二位助手是接替煥姐工作的，名叫燕姐。燕姐本是幫忙我做家務，但因為工作助手空缺一時找不到合適人選填補，我就讓她試試，當時她很擔心自己不能勝任。我教她看食譜，買材料，準備事前工作。我給她信心，不厭其煩的教導。雖然最初她時常犯錯，但漸有進步。我們至今已共事二十多年了。燕姐為人善良忠厚，不會開價索取高薪（當然我不會虧待她）。她因年幼家貧，十四歲就出來工作，好使弟妹們能讀書，自己卻失去了上學讀書的機會，但她從不怨恨，而且說弟妹們都對她很好。她與丈夫是由媒人撮合的，他們有三個兒子。能有今天的生活，她已感滿足。有一次她對我說，丈夫說她沒讀過書，令她感到有些委屈。我對她說：「你應該對丈夫說，如果我有機會讀書就不嫁你了！」她聽後很緊張的回應：「這樣是會吵架的……在生孩子時他曾照顧我，算了。」燕姐就是這樣的人。

燕姐同樣會與我到外埠工作，而且很享受在外地的時光，尤其欣賞酒店的泳池，因為她喜歡游泳。她每次都趁我還沒起床時去酒店泳池晨泳，我常取笑她一定是跟那位管理泳池的印度俊男約會了，她必緊張地叫我不要亂說。

燕姐是協助我做烹飪工作的第二位助手

與煥姐不同，燕姐很喜歡烹飪，逢年過節必定大煮一番。我常對她說：「你的錢都被你大排筵席請兒子們吃掉了。」我還勸說：「親生兒子，不如近身錢，藏些私己才好。」燕姐每次來探望我，必定拖着購貨車，上面載滿要送給我的食物，她就是如此重情的人。她做甜點、蒸糕都很棒，粽子也包得很好。最近又學做XO醬，也挺不錯，只是材料放太多了；我對她說，如果把它出售，她就要「蝕老本」了。

當我減少工作後，燕姐便清閒了很多，她去街坊福利會學手藝，讀書寫字，更學會跳交際舞，生活很充實；有時和她的同學們去旅行，很會享受人生。我的小女兒常說，我最大的功勞，是把一位家庭主婦帶到另一個境界，有自己的生活。我但願我真的做到了。我的孩

到外地工作時，與觀眾朋友合照

與工作夥伴合照

子們都尊重燕姐，視她為家人。我的小孫兒非常喜歡吃燕姐做的蘿蔔糕，還說只有吃過燕姐做的蘿蔔糕，才知道真正蘿蔔糕的美味！燕姐被小孫兒稱讚後，很是快樂。每次小孫兒返港，燕姐一定立即做蘿蔔糕給他吃，我們常說小孫兒厲害。燕姐和我們的感情深厚如親人，感謝她多年來對我的協助和關懷，更祝福她一切順心！

瑤柱蘿蔔糕

Turnip Cake

材料：

白蘿蔔約一斤半，粘米粉四至五両，臘肉半條，臘腸兩條，瑤柱二至三粒，蝦米仔二至三湯匙，葱粒少許，乾葱片少許。

調味：

鹽 1½ 茶匙，胡椒粉少許，水約一杯至 1½ 杯。

做法：

① 蘿蔔去皮切粗絲，粘米粉篩勻。

② 瑤柱用熱水浸軟撕成絲，水留用。

③ 臘腸、臘肉同切成小粒、蝦米沖淨待用。

④ 燒熱油約二湯匙爆香乾葱，放下臘肉、臘腸、蝦米略爆盛出，將餘油爆炒蘿蔔絲，放入調味水份至蘿蔔略軟，熄火放入適量粘米粉，及臘味料、瑤柱攪拌成濃粉漿狀，盛放入搽油糕盆中，並灑上少許臘味料在面，隔水蒸熟，取出灑上葱粒即成。

Ingredients

900g White Turnip
150-190g Rice Flour
½ Preserved Pork Belly
2 Chinese Sausage
2-3 Dried Scallop
2-3 tbsp. Small Dried Shrimp
Green Onion, chopped
Shallot, sliced

Seasoning

1½ tsp. Salt
Pepper, to taste
1-1½ cup Water

Cooking Method

① Peel the turnip and cut into thick strips. Sift the rice flour.

② Soak the dried scallops in hot water. Loosen into thin strips. Keep the soaking water.

③ Cut the preserved pork belly and Chinese sausage into small pieces. Rinse the dried shrimps.

④ Heat 2 tablespoon oil in a wok, sauté shallots until fragrant. Add preserved pork belly, Chinese sausage and dried shrimps to sauté briefly. Remove all the ingredients. Use the oil remained to stir-fry the turnip strips for a while. Add 1-1½ cup water with soaking water, salt and pepper to cook until the turnip strips soften. Off the heat and add adequate rice flour as well as the preserved pork belly, Chinese sausage, dried shrimps and dried scallop strips. Stir to form a thick batter. Transfer the batter into a greased cake tin. Drizzle some preserved pork belly, Chinese sausage, dried shrimps and dried scallop strips on top. Steam until cooked thoroughly (about 40 minutes to 1 hour). Garnish with some chopped green onion when done.

Tips

如粘米粉放多了，糕身較硬實；蘿蔔放多了則較軟身，但難煎。瑤柱水可加入同煮，臘味份量多少隨意，大火約蒸 40 分鐘至一小時，放水份多少要看蘿蔔的水份。

If more rice flour is used, the cake will be firmer. If more turnip is used, the cake will be softer but difficult to fry. The quantity of fillings and toppings are based on individual taste. The amount of water should be adjusted according to the water content of turnip.

瑤柱蘿蔔糕 Turnip Cake

西米豆沙粿

Sago Dumplings with Red Bean Filling

材料：

西米四両、豆沙餡適量。

做法：

① 西米用清水浸透後，瀝去水份。

② 用煲仔煮滾約三杯清水，放入瀝去水份的西米，煮至西米透明，用篩隔去水份，待用。

③ 用蛋糕模型，搽少許油，放西米至模型半滿。

④ 將餡料搓成小粒餅狀，放每粒至半滿的西米面，再蓋上適量西米，抹平，待凍至結實，用小刀挑出，即可上碟。

Ingredients

150g Sago

Red Bean Paste, sufficient to fill

Cooking Method

① Soak the sago thoroughly, drain.

② Bring 3 cup water to a boil in a small saucepan, add the sago and cook until transparent. Drain.

③ Grease cupcake moulds, fill the sago to half full.

④ Roll the red bean paste as small balls. Put one in each cake mould on top of the sago. Add sago to fill the mould full and wipe even. Place in fridge until firmed. Unmould the dumplings with a small knife and transfer to a plate to serve.

Tips

此甜品簡單好味，材料經濟，但一定要細心及巧手，也可用椰汁煮西米。有興趣不妨一試，是不太甜的餐後小食。

This dessert is easy to make and delicious. The ingredients are not expensive. Skill is required in shaping the dumplings.

You may use coconut milk instead of water to cook the sago.

西米豆沙粿 Sago Dumplings with Red Bean Filling

烹飪班的趣事

自從擔任電視台節目的烹飪環節主持，①我便停止烹飪中心的教學工作了。回憶當年的教學情景，也有很多有趣和難忘的事，在此和大家分享。

烹飪中心的課程是每星期一課，每課約二小時左右；最短的是以四堂為一個課程，即上一個月的課；另外是三個月的課程，即十二堂，難度比較高些；另也有特別班，即一堂計，約三小時完成。不同課程當然學費各有不同。來報讀的學員以一些家境優裕的太太們為主，她們約了好友同來，上課只是當作消閒和交際。其實她們家中有廚師、廚娘代勞，根本不必下廚，是眼高手低一族；另外是未婚者，或想移民的人。

記得一次，有位太太來上課時對我說：「Miss，昨天晚上我想一顯身手——蒸魚給我先生嚐嚐，但結果卻在丈夫面前失威，因為我沒有清洗魚的內臟，也沒有劏魚，可是這些

① 編按：方太在一九七九年開始為麗的電視台的婦女節目《下午茶》擔任烹飪環節主持；電視台在一九八二年易主並改名亞洲電視，方太再為亞視的節目《午間小敍》主持烹飪環節，大受歡迎。

作為烹飪老師，也明白顧客和學生的分別。

你卻沒教過我們……」頓使我感到啼笑皆非，也為之抱歉，卻無法解釋。在上烹飪堂之前，我們當然會將食材的基本準備工作先做妥當，不會在學員面前劏魚、洗魚，卻因此使這位太太誤會了。

有些太太卻是烹飪高手。記得其中有一位上了年紀的劉太，無論我教甚麼課，她一定報名，引起我的注意。下課後，與她閒談之下才知道，她能煮許多傳統食品，烹調知識豐富。她說，只是因為很喜歡我這個人，以及我教上海菜的方法，所以捧我的場。劉太和我說起新年特色芋蝦的做法，我覺得很精彩，邀請她在課堂上教其他學員，皆大歡喜。劉太很稱讚我，並欣賞我的性格。她說，一般人都不會這樣做，因為總要表示自己是萬能老師。

在教授烹飪的那些日子，我還經歷了一些難忘的事，例如和同事們的相處，因為遇到利益的問題，我只能作出妥協或遷就，包括不能開辦性質相同的課程。自己是新人，在受到欺侮時，要學習怎樣靠自己去拆解困局，因為向老闆投訴是沒有用的。這就要運用到智慧了。有時受委曲也是一種磨煉。另一方面，來學烹飪的多是一些太太小姐們，須知她們是顧客，是米飯班主，並不是學生，這點我在心中分得很清楚。

記得羅桂祥博士的太太也來上我的課，她喜歡烹飪，煮得一手好菜，家中四個菲傭都由她教導而成為烹飪高手。羅太來烹飪中心只是為了和她的小輩朋友們聚聚，消磨時間而已。羅太總喜歡稱呼我老師，我每次都請她叫我名字好了。羅太已離開我們去天國多年，我還會時常記起她。真正有品德的人儘管有錢也不會擺架子，反而作風平實、禮貌待人，這涵養更為人敬重，值得學習。我明白顧客、老師、學生的分別，所以從不以老師自居。這也是這些太太們喜歡我的原因吧！我想，做人不卑不亢就最恰當了，你以為如何？

小知識

羅桂祥

羅桂祥博士（一九一零年—一九九五年），香港企業家，在一九四零年創立香港荳品有限公司，即維他奶國際集團有限公司的前身。其弟羅騰祥及羅芳祥分別創辦大家樂及大快活。

賣花姑娘插竹葉

大家認識我是由電視台的烹飪節目開始，我從家庭主婦變為事業女性，也是因為烹飪，所以很多人以為我是美食家。其實，何謂美食家？真是見仁見智，各有不同的說法，我卻從來沒有以美食家自居。

當年主持一星期播出五次的電視烹飪節目，籌備製作時，監製原本說要做鮑參翅肚，又說要做酒樓傳統菜，我提出反對。我與監製等人商量，表示只想介紹有營養、美味、容易學會，且上桌美觀的家常菜。結果證明，我選的路線是對的，節目受到大家喜愛。誰會每天吃鮑參翅肚呢？偶爾想吃，也會上酒樓；如果真是有需要每天都煮鮑參翅肚的人，家中也一定有廚師或巧手的廚娘了。普羅大眾的生活是平實的，家常便飯最好。

我懂得欣賞食物味道，對飲食略有認識，這要感激我父親。生母在世時，父親與她十分恩愛。我六、七歲時一直待在父母身邊，父親十分疼愛我，這是全家都知道的（也令我成為被妒嫉的對象）。我那時應該是一個伶俐的小孩，舊事歷歷在目，記憶猶新。當年父親服務軍政界，該是北洋軍閥的年代，他隨着任務需要而經常轉換居住地方，所以我們在北京、天津、上海都有家。生母帶着我跟在父親身邊，因此我住過不同城市，有機會嘗試不同地方的道地佳餚。父親平日也喜歡講解飲食知識和分享心得，例如如何吃大閘蟹，何時該吃「公」，何時該吃「母」，以及吃過後，只宜進食用剁碎的菜煮的湯麵，或香米煮的粥，主要因為大閘蟹太鮮味了，吃了大閘蟹後已感覺不到其他美味。所以若在大閘蟹之後再上大菜，會被笑話不懂得吃的藝術和文化。

大約在我七歲那年，有一天被父母帶着去松江吃四鰓鱸魚。松江距離上海不遠，還記得是由家中司機駕駛父親的林肯大房車載我們去的。大人們說目的地很近，但我卻大暈車浪。我小時候很怕汽油的氣味，沿途感到不適，結果要把車停在路邊讓我嘔吐。還記得生母罵我說，如再吐就不要我了。所以那次的旅遊一點都不好玩，卻是印象深刻，後來也對兒女們說過此經歷。我的小兒子（老二）很孝順，數年前他被公司調派去蘇州，在工業園工作；我去探望他，他反給我驚喜，特別到上海接機，並安排了車輛與我一起去松江，

小知識

四鰓鱸魚

學名松江鱸（Trachidermus fasciatus Heckel），因鰓膜上有兩橙色斜紋，酷似兩片鰓葉，故有「四鰓鱸」之稱。長於近岸淺海，於黃海、渤海和東海均有分佈，為名貴的食用魚類，以松江鱸最為有名。「松江」為「淞江」之沿用，即吳淞江。

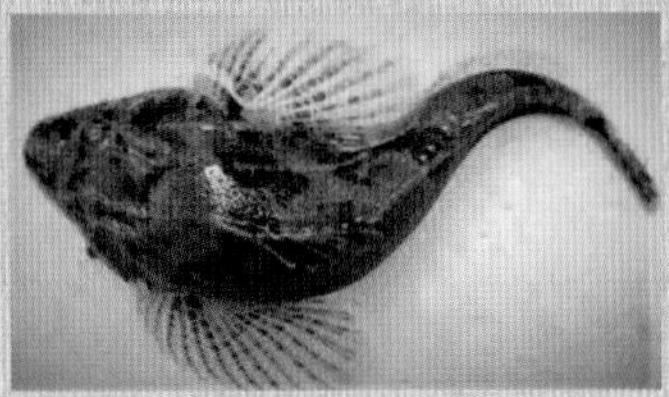

好一嚐當年他的外祖父請我吃的四鰓鱸魚。我很感動於兒子的孝心，但更想念父親，如果當年的情景能回來該多好。

我不敢說自己嚐盡美食，但因為父親的關係，的確吃過、見識過不少好吃的菜餚，例如當年有人送一對熊掌給父親，經大廚烹調後香味撲鼻，但我們幾個孩子都不敢吃。到我長大成人，生活閱歷也增加不少，對於吃，最注重的是兒女飲食營養，因為健康就是財富。我自己對吃並不太苛求，如果一定要說喜好，我較喜歡鹹魚蒸肉餅，或梅菜炆排骨等尋常小菜，這也是孩子們喜愛的食物。我認為，一個會持家及懂得烹調的人，應該做任何菜式都是佳餚。也許你會說我誇口，但我確常將家中的「剩餘物資」變化成佳餚，受到兒女的捧場及讚賞呢！

我較愛吃辣，例如糖醋辣椒便是我很喜歡的，且可豐儉由人，如果釀有魚肉或蝦膠便較豐富，但淨煮也好吃。我還很喜歡用涼瓜做的菜式。很多人說，青年人及小孩都不喜歡吃涼瓜，嫌有苦味，但年長後便會懂得欣賞，因為人生一路走來，經歷喜怒哀樂種種滋味，涼瓜的苦味已算不上一回事了。我倒沒有如此高深，只感到涼瓜不同其他蔬菜，有與眾不同的味道，我尤其喜歡用來涼拌，加入醋、麻油、生抽、糖和辣椒五種調味料，甜酸苦辣香皆備，我稱它為「五味涼瓜」；以此比喻人生種種滋味也饒有意思，身在其中，就看你怎樣自處，怎樣適應和度過。

我還很喜歡潮州炒麵線，也許是兒時情意結吧。我生母是潮州人，當年她從潮州請來兩位女性做家傭，其中一位叫宜姐，聽說她是「好人家」出身，只是嫁了一位二世祖，敗了家庭及祖業，宜姐無法忍受，來了上海做工，生母讓她照顧我和妹妹。直至我們離開上海才和她分別。宜姐是一位忠心護主的女傭，我們感情很好，只可惜當時年紀小，不懂得和她聯絡。記得在上海時，她偶然也會做些私家菜自己吃，炒麵是其一，我和姐妹也有機會分享。後來我在香港的潮州雜貨舖見到有這種特別的麵出售，我曾請教一位潮籍朋友年長的母親，請她教導我如何烹調這種潮州麵。這種麵帶少許鹹味，先要用清水煮熟，沖洗去鹹味，瀝乾再炒，配料只是芽菜仔和韭菜，反映潮州人的慳儉本色。我每次炒時會加些冬菇絲、肉絲，笑說這是「富貴版」的炒麵線。這種潮州麵炒後可放置冰箱，吃時再加熱也不會變味變樣。當年我常工作至午夜時分才歸家，只需用微波爐把麵線加熱，很快就可弄妥，加上一點辣椒醬，一邊吃、一邊看電視，就是我整天辛勞的安慰和解放了。

有人說我「賺大把錢」，令我很反感。的確我賺過一點錢，但既不是偷，也不是搶，是用辛勞換回來的。從來大多數人只看到別人成功的一面，很少人會明白成功背後的付出及耕耘時的勤奮，世上哪有不勞而獲的事？如果真的有，我也不敢接受。我從來只取我應得的，我是個努力工作、享受工作的人。我喜歡平靜淡泊的生活，不會和別人比較，因為明白「我是我」。

另外有一趣事也想和大家分享。很多人都以為「近廚得食」，誤認為我們這些做烹調工作的人，一定很講究吃，真實情形卻並非如此。我有一位大廚朋友，大家相識約三十多年，我們稱他為黃師傅。他是台灣人，被新加坡一間五星級酒店聘請為中菜部總廚。我在新加坡電視台錄影節目期間，常去黃師傅工作的酒店晚飯——因為我下榻這酒店，我們因此成了好朋友。當我每次向他請教烹飪問題時，他總很誠懇的教導我。他很羨慕我能在電視台做節目，於是我邀請他上我的節目。事後他表示，做電視烹飪節目很辛苦和緊張，比在廚房工作難幾十倍。我對他坦言，在廚房工作不需自言自語，更不需向客人交代解說，功夫好就行了；在電視烹飪節目中，要向觀眾交代做菜方法，還要懂得怎樣吸引他們觀看，是完全不同的路向。我說，並非我烹飪技術好，只是話多而已；做菜的同時，要控制說話的時間，有一定的難處；我和他講笑，這就是值錢的地方了。

有一次黃師傅放假，他邀請我錄影後去他家晚飯。我很高興，心想可嚐到黃師傅的「私房菜」，更可順便偷師呢。結果嚐到的是黃師母煮的台灣家常菜，當然是很不一般，是外邊很難吃得到的。而這位黃大師傅，招呼我們進食之外，自己只以熱茶泡飯，佐以自製的泡菜。這就是做一行、厭一行的道理。

我有一位髮型師朋友，他在香港很有名，不少明星、名媛都是他的客戶。有一次他早點回家看望母親，姐妹們都嚷着要他整理頭髮，他很生氣，只說：「你們去找別人，花費多少錢，我來付給你們！」我很明白這種感受。我因為工作需要做烹飪，如電視錄影、烹飪書和雜誌攝影等，都是一天煮三十多個種類的菜餚，不但做菜，還要記錄很多細節，需要很專注，不容分心，所以工作後最需要的是寧靜和休息，自己只吃碗小米粥，或是小碟炒米線，甚至一碟水果都已經足夠了。以前的人會比喻說「賣花姑娘插竹葉」，或詩句「苦恨年年壓金線，為他人做嫁衣裳」，意思都是從來只費心為別人做，自己反而得不到，也有貧富懸殊之意。我很喜歡上述兩句詩，寫得很美、很有意境，但現在的世界畢竟已不同，只要肯努力工作，就會有金錢上的收穫。

想要美食不是難事，許多人都可以得到，只是像我這般辛勞了整天後，總會有些厭煩，連續做了那麼多菜式後，對美食也嫌膩。我在做完烹飪工作後，總是吃得很簡單。幸運的是我並不討厭煮食，故在空閒時，家中的晚飯多數是我來負責，尤其是兒女們都回來時，我樂於為他們做飯。我想，能煮出美味的飯菜是開心事，亦感恩有食物可煮，這是一種福份。

糖醋釀辣椒

Sweet and Sour Stuffed Pepper

材料：

青、紅尖嘴辣椒各四隻，剁碎鯪魚肉約四両，葱粒、芫茜粒各半湯匙。

調味：

鎮江醋二湯匙，糖 ¾ 湯匙，水 ¼ 杯，鹽少許，生粉半茶匙。

做法：

① 辣椒洗淨對剖成兩份，去籽洗淨，在內層抹上生粉少許，待用。

② 鯪魚肉放入鹽、胡椒粉、生粉各少許，攪拌均勻，再放入葱粒、芫茜碎同攪拌均勻，待用。

③ 將上項材料適量釀入每件辣椒中，用油將釀椒煎至熟透。

④ 將調味混合加入上項材料中煮勻，即可上碟供食。

Ingredients

4 Green Chili Pepper
4 Large Red Cayenne
150g Dace Fish Paste
½ tbsp. Green Onion, chopped
½ tbsp. Cilantro, chopped

Seasoning

2 tbsp. Zhenjiang Dark Vinegar
¾ tbsp. Sugar
¼ cup Water
Salt, to taste
½ tsp. Cornstarch

Cooking Method

① Wash peppers and cut each in half. Deseed and wash. Put some cornstarch in each pepper half, set aside.

② Combine salt, pepper and cornstarch with fish paste and stir well. Add chopped green onion and cilantro and mix well.

③ Fill each pepper half with fish paste. Heat oil in a pan and fry the stuffed pepper until thoroughly cooked.

④ Add seasoning to pan and bring to a boil. Transfer to a plate and serve.

Tips

尖嘴椒較辣，也可用「燈籠椒」。煎釀椒時，先煎有魚肉的一面，待熟再反轉煎，糖醋汁惹味，也可用豉油汁或茄汁，可多變化。

Bell peppers can be used instead of long peppers in this recipe. Pan-fry the side with fish paste first, turn over when cooked. Sweet and sour sauce is appetising and you may use soy sauce or ketchup as well.

糖醋釀辣椒 Sweet and Sour Stuffed Pepper

潮州麵線

Chaozhou-Style Noodles

材料：

潮州麵線約六両，韭菜三両，芽菜仔四両，冬菇三隻（浸透）。

調味：

生抽少許

做法：

① 將麵線放入滾水中煮熟，用凍水沖淨瀝乾水份，待用。

② 芽菜洗淨，韭菜切段，冬菇切絲。

③ 燒熱油約二湯匙餘，放入韭菜、冬菇絲、芽菜及少許鹽略炒，放入麵線，炒拌均勻，並需炒透。

④ 加入適量調味炒拌均勻即可上碟，趁熱供食。

Ingredients

225g Chaozhou noodles
110g Chives
150g Mung Bean Sprouts
3 Dried Mushrooms

Seasoning

Light Soy Sauce, to taste

Cooking Method

① Cook noodles in boiling water for a while, rinse under cold running water, drain.

② Wash sprouts and chives. Cut chives into sections. Soak and shred dried mushrooms.

③ Heat 2 tablespoon oil in a wok, add chives, mushrooms shreds, sprouts and a little salt to stir-fry. Add noodles and stir well until thoroughly cooked.

④ Season with light soy sauce. Transfer to a plate and serve.

Tips

潮州麵線是用手工做成，帶有少許鹹味，是半乾的，可儲藏，為潮州特色食品。一般是素炒，也可加入肉絲，可隨意。

Chaozhou noodles are handmade. The noodles are slightly salty and semi-dry, so can be stored for later use.

Chaozhou-style fried noodles are usually cooked without meat. Shredded pork can be added if desired.

潮州麵線 Chaozhou-Style Noodles

我的字典沒退休

很多朋友們與我見面時，常問我是否退休了？大概是因為我已沒有擔任電視烹飪節目主持，大家沒有看到我公開露面的關係。我希望在我生命的字典中，永遠都不要有「退休」這兩字。雖然我現在的生活沒有固定的上班或下班，但我仍然會安排時間編寫烹飪書。

其實，出一本烹飪書是需要做不少準備工作的。首先是決定書種，即是屬於哪一類食譜；此外是要試菜，必須煮過、試過味道，再寫成食譜。平時也要多閱讀，蒐集資料，絕不是隨手拿來，對菜餚和食材的認識很重要。中國地大物博，各省各縣皆有不同菜餚、不同食法，更和地理、氣候有關，這些都是學之不盡的知識和學問。前一陣，某電視台將北京名菜「賽螃蟹」稱作「一隻賽螃蟹」，鬧了個笑話。賽螃蟹是用全蛋白炒成的一個菜，中間放一個生蛋黃，加入鎮江醋拌勻後才吃，因為味道頗有蟹味，因而得名，意思是可媲美螃蟹的一道菜餚，而不是一隻螃蟹。最初講究的做法是在蛋白中放蝦仁，又或放點乾貝、黃魚肉丁等，如今已少有這樣做。這些都是對菜餚的認識，也可說是見識。作為一個以烹飪為職業（或說工作）的人，怎能不在這方面用功呢？

以烹飪為職業，需要對菜餚有豐富知識。

我平日也會寫些散文，以及看書閱報，這已花費大半天時間了。此外，有個家總會有些瑣碎事要處理，我是家中的「掌門人」，總不能閒着不管吧！每天晚飯後，在外地工作的兒女必會來電話互報平安，多年來的長途電話費相信足以購買一輛名牌房車了。幸虧近年有了IPad，孩子們教會我用視頻聊天。我對這些新款的用品是「白癡」，要靠兒女們教導，他們常將使用方法詳細寫下並貼在這些新產品上，尤其是小女兒更是我們家中的所有新潮用品的專家，時時幫忙我。家人都說她聰明，卻有了我這個笨媽媽，真是笑話。

能夠活到我這般年紀，能有我如今的狀態，真應該感激上天對我的賜福。老，是每個人必經的階段，重要的是要保持良好的心態。我常說，人生很像進入一個遊樂園，無論喜歡或不喜歡都已經進去了，既無法逃避，何不開心、努力的玩一回。有問題、困難便去解決，不要愁眉苦臉。遊樂園內的一切都無法帶走，萬事看開些，每天便都覺陽光普照了。我常和兒女們說笑，自己是一輛名牌車，雖然橫衝直撞了數十年，但如今還能跑，即使有些毛病，也是正常，修修補補、小心駕駛，應該還能跑些日子。在人生路上，我會努力，也會小心，希望跑出個成績來，這是我的目標。

人老了，總會有些病痛，千萬不要諱疾忌醫，要聽醫生的話，而且應用照顧兒女般的心情和態度來好好照顧自己，不要自怨自艾，能活着就是好事了。也許你們會以為我怕死，但我常想，正常的死亡大概就像感到很累、很倦而想去睡覺般，是自然不過的事，沒甚麼可怕。不過，在生命盡頭總會對身邊關愛的人極

老，是人生必經階段，重要的是保持良好的心態。圖為擔任烹飪比賽評判，頒獎予得獎的長者時攝。

大的不捨，令人悲哀，自己又何嘗捨得與身邊所愛的人分離呢？所以進入年老的階段，最重要是擁有健康的身體和保持平靜的心態。

有人說，人老了，最重要的，一是有夠用的錢；二是有伴……還有甚麼我也不記得了。我倒認為最重要的還是健康。同時，也要理智地明白和接受身體的一切會隨年紀而逐漸退化，這是正常的現象。我的辦法是不讓身體老化得太快，例如做適量的運動，還有盡量做自己喜歡的事，更可做些以前想做卻因為工作問題或經濟問題而無法實現的事，如果現在仍然有興趣，就去實現吧。人生應該負的責任，差不多已盡責了，這時就該為自己盡責。我是很平實的人，現在的心態是自由自在過自己喜歡的日子，高興時就打扮一番，老了仍然可以裝扮得漂漂亮亮的。至於飲食方面，日常大多數是以清淡為主，蒸魚、蒸排骨、蒸肉餅等，都是較少油而又好味的家常菜，此外，雜菜煲也不錯。偶爾也會放縱一兩次，吃些好味但不是太健康的食物。我的性格是不喜歡太多限制，用平常心生活，既輕鬆又簡便，不會給自己太多壓力，最重要是保持良好心態。關於兒女的事，應讓他們自己處理。成年人對自己負責任是應該的事，不煩心是老人家的養身之道。

願進入年長的朋友學習放下，保重身體和心情為上。忙碌辛苦了大半生，晚年是屬於自己的，應該用自己的方式享受自己的生活，好好享受生命。

海味雜菜煲

材料：

白菜仔、津白、小棠菜、金菇各適量，雲耳、冬菇、蝦米、瑤柱各少許，吊片一隻，粉絲少許。

調味：

鹽半茶匙，生抽半湯匙，麻油少許，水適量。

做法：

① 蝦米、瑤柱略浸，吊片浸透，切花刀、切件。粉絲浸透，冬菇、雲耳浸透洗淨，待用。

② 將各種菜類清洗後切件，金菇去尾洗淨。

③ 燒熱適量油將各種菜略炒至六成熟，放入各種其他材料，再放入調味，煮至滾起，轉放入煲仔中，最後加入粉絲，煮至材料熟，即可原煲上枱供食。

註

「雜菜煲」是餐館最賺錢的食譜之一。材料不限，家庭中更可隨意，但需注意的是，材料是否有衝突（不適宜同煮），其他可隨意，也不一定要加海味，是可以自己發揮，望大家有自己的創意。

Mixed Vegetables and Dried Seafood Casserole

Ingredients

Baby Bok Choy
Chinese Cabbage
Shanghai Bok Choy
Enoki Mushroom
Black Fungus
Dried Mushroom
Dried Shrimps
Dried Scallop
1 Dried Squid
Mung Bean Vermicelli

Seasoning

½ tsp. Salt
Sesame Oil, to taste
½ tbsp. Light Soy Sauce
Water, adequate amount

Cooking Method

① Soak the dried shrimps, scallops and squid. Crisscrossing the dried squid and then cut into pieces. Soak the mung bean vermicelli thoroughly with water. Soak dried mushroom and black fungus, then clean and trim.

② Wash all the vegetables and cut accordingly. Discard the lower part of Enoki mushroom.

③ Heat oil in a wok, stir-fry all the vegetables till half cooked, add other ingredients and seasoning, stir-fry and bring to a boil. Transfer all to a casserole and add mung bean vermicelli, cook until all are cooked through. Serve with the casserole.

Tips

Mixed Vegetables and Dried Seafood Casserole may be the most profitable dish in restaurants. The combination of ingredients varies and you may use as many vegetables as you like, as long as their flavors match. Dried seafood is not a must.

大豆芽蒸肉餅

Steamed Pork with Soybean Sprouts

材料：

剁碎豬肉約四両，大豆芽菜約二両（適量），葱粒少許。

調味：

生抽約半湯匙，生粉一茶匙，水二湯匙。

做法：

① 將調味放入碎肉中，攪拌均匀。

② 大豆芽菜洗淨，將芽部份切成小粒、豆部份剁碎，再混合同剁碎。

③ 將上項剁碎的豆芽放入碎肉中，同攪拌均匀，放上碟成餅狀，再灑上葱粒，隔水蒸熟即成。

Ingredients

150g Pork, minced

75g Soybean Sprouts

Some Green Onion, chopped

Seasoning

½ tbsp. Light Soy Sauce

1 tsp. Cornstarch

2 tbsp. Water

Cooking Method

① Combine the minced pork and seasoning in a large bowl. Mix well.

② Remove roots of soybean sprouts and wash well. Cut the stems into small sections and chop the beans. Then combine and chop to finer pieces.

③ Add the chopped soybean sprout to the minced pork, stir well. Shape the pork flat on a plate. Sprinkle the chopped green onion on top. Steam until cooked.

Tips

大豆芽營養豐富，混合碎肉味佳，適合長者及兒童進食，且極少油份。

Soybean sprouts provide a variety of essential nutrients. This dish has a distinctive flavour and is low in fat content. It is suitable for the elderly and children.

大豆芽蒸肉餅 Steamed Pork with Soybean Sprouts

後記

《方太的滋味人生》這本書是我和天地圖書的第一次合作。這本小書雖然有食譜、有圖片，但和我以往的烹飪書有少許不同。本書是由我回憶一些往事，帶出我對親人和朋友的憶念和與他們相關的一些菜式，並附有食譜供讀者參考。所介紹的菜式之中，有傳統的產後保養食療，也有家庭經濟拮据時的「儉樸食譜」。以前的婦女都以家庭為主，很少外出工作，懂得知慳識儉，用巧手及智慧持家，值得致敬和借鏡。

撰寫本書，使我憶起很多陳年舊事，父母已去世多年，工作手足也各有自己世界，無論是歡愉或傷悲的日子都已過去，似夢似真，有時也難以分辨，也許這就是人生吧。珍惜眼前的人與事方是上策，其他只能永記心頭。

感激天地圖書曾協泰董事長對我的錯愛，感謝編輯小姐對我的指導和包容，多謝攝影師先生及其團隊的幫忙。最後，期望讀者能對我支持和捧場。祝福大家如意、健康！

方任利莎

附錄

鳴謝：
張順光先生（部份圖片提供）
駱慧瑛博士、李慧貞女士（部份餐具提供）

www.cosmosbooks.com.hk

書　名　方太的滋味人生
作　者　方任利莎
食譜翻譯　祁　思
責任編輯　林苑鶯
美術編輯　郭志民
攝　影　郭志民
出　版　天地圖書有限公司
香港皇后大道東109-115號
智群商業中心15字樓（總寫字樓）
電話：2528 3671　傳真：2865 2609

香港灣仔莊士敦道30號地庫／1樓（門市部）
電話：2865 0708　傳真：2861 1541

印　刷　亨泰印刷有限公司
柴灣利眾街27號德景工業大廈10字樓
電話：2896 3687　傳真：2558 1902

發　行　香港聯合書刊物流有限公司
香港新界大埔汀麗路36號中華商務印刷大廈3字樓
電話：2150 2100　傳真：2407 3062

出版日期　2018年7月／初版

ISBN：978-988-8258-86-4